油气储运安全技术及管理

徐玉朋　竺振宇　主　编
张红玉　张华文　副主编

海洋出版社
2016年·北京

内 容 提 要

本书概括性地阐述石油及天然气行业储运安全技术及管理的基本思想、基本理论、基本方法以及预防事故的基本技术。

全书共分为7章。主要内容包括绪论、系统安全工程基础知识、系统安全分析与评价、加油（气）站安全管理、油库安全技术与管理、管道安全分析与管理、油库安全消防等内容。

编写过程中，本书内容的广度和深度紧紧围绕油气储运工程专业培养目标展开，强调完整性和实用性，力争用较少的篇幅，使读者较系统、较清晰地掌握石油及天然气行业储运安全技术和管理的核心与精髓。是从事油气储运安全技术与管理工作的参考资料，适用于工程技术人员，管理人员，也可供相关院校师生学习和参考。

图书在版编目（CIP）数据

油气储运安全技术及管理/徐玉朋，竺振宇主编. —北京：海洋出版社，2016.6
ISBN 978－7－5027－9510－8

Ⅰ.①油… Ⅱ.①徐… ②竺… Ⅲ.①石油与天然气储运－安全管理 Ⅳ.①TE8

中国版本图书馆CIP数据核字（2016）第141177号

责任编辑：赵　武　黄新峰
责任印制：赵麟苏
海洋出版社　出版发行

http：//www.oceanpress.com.cn
北京市海淀区大慧寺路8号　邮编：100081
北京朝阳印刷厂有限责任公司印刷　　新华书店发行所经销
2016年6月第1版　2016年6月北京第1次印刷
开本：787mm×1092mm　1/16　印张：15.5
字数：373千字　定价：45.00元
发行部：62132549　邮购部：68038093　总编室：62114335

浙江海洋大学特色教材编委会

前　言

石油及天然气是国家的重要能源之一，随着石化工业的发展，石油及天然气在国民生产和生活中扮演的角色越来越重要，越来越受到人们的重视。

油气储运安全技术及管理是一门综合性的学科，其研究内容涉及对储运行业的人、物、环境等诸多对象采取的安全技术措施；设计、施工、验收、操作、维修以及经营管理等诸多环节中的安全技术问题，包括安全设计、设备和设施的安全技术管理、检修安全技术、环境保护、劳动保护、消防技术、事故预测与分析技术等。

编写背景

作为国家支柱产业的石油天然气行业具有易燃易爆、有毒有害、高温高压、连续作业、链长面广等特点，极具危险性，事故发生概率高，且一旦发生事故后果极其严重。近几年，随着我国石油天然气事业的不断发展，油气的生产、储运和使用的数量也越来越多，范围也越来越广，油气储运系统中发生的泄漏、火灾与爆炸事故时有发生，这些事故的发生不仅给国家和人民群众的生命与财产造成极大的损失，也给社会的公共安全与社会稳定带来了极大的负面影响，从一定程度上影响了石油天然气事业的推进与发展。因此，油气储运安全是石油天然气行业首先要考虑的问题之一。采取有效的安全防范措施，对工程全程进行有效监控与管理，可以说已经成为保障石油天然气行业财产和人身安全的重要手段。

同时，随着我国法制化建设的不断深入和市场经济的不断完善，国家对企业的安全管理要求越来越高，企业面临的压力越来越大。全社会已形成了“热爱生命、关注安全”的舆论氛围，“安全第一”的理念深入人心。石油天然气的安全管理受到了前所未有的重视，这必将促进我国石油天然气行业的安全管理工作，有利于建立安全长效机制，为在石油及天然气行业率先建立一流的社会主义现代化企业和具有较强国际竞争力的跨国企业集团提供保障。如何处理好安全与生产的关系问题，预防事故、减少各种损失，已成为企业发展的首要问题。

主要内容

各章主要教学内容如下。

第 1 章　绪论。本章从介绍近几年石油化工行业发生的重大事故案例出发，探讨研究油气储运安全技术与管理内容的意义，同时介绍储运安全技术研究对象及内容。

第 2 章　系统安全工程基础知识。本章从危险概念、有害因素分类与识别方法出发，重点介绍重大危险源辨识与控制理论、事故致因理论及管理方法。

第 3 章　系统安全分析与评价。本章从安全评价的基本概念及原理出发，重点介绍定性与定量安全分析方法。

第 4 章　加油（气）站安全管理。本章从介绍各种加油（气）站功能与类型出发，重点介绍 CNG 加气站、LNG 加气站、加油站、输油站场安全管理技术与管理知识。

第 5 章　油库安全技术与管理。本章从油库储运安全技术与管理要求出发，重点介绍油库设备安全检修的一般要求、油库设备检修过程中的隔离封堵和清扫清洗技术及油库动火、动土、罐内和高空作业安全要求。

第 6 章　管道安全分析与管理。本章从管道安全评价模式出发，重点介绍输油管道运行安全管理技术、输气管道与站场运行安全管理技术及管道安全运行控制技术。

第 7 章　油库安全消防。本章介绍了防火和灭火的基本原理；消防给水和灭火剂数量的计算方法；灭火器配置要求与使用方法；灭火应急预案制定与演练要求；重点介绍油库常见火灾的灭火方法。

编写特色

本书根据《石油设计规范》（GB50074 - 2014）、《汽车加油加气站设计与施工规范》（GB50156－2012）、石油及天然气行业的规程、标准、安全科学理论，以及长期从事石油及天然气行业安全教学与培训积累的经验编写而成。

本书既有一定的理论深度，又结合安全工程实际，既含有安全工程的最新技术，又有解决具体问题的方法，并吸取现代安全科学理论和技术措施。具体为：

（1）便于教学：在编写教材时，不仅考虑到教学内容的科学性、系统性等方面的问题，同时尽可能地使教材易教易学，繁难一些的内容经过学生努力也能够掌握。

（2）适当的先进性：在编写过程中，选用最新的行业标准、规范。树立先进的安全理念，引用先进的管理体系，介绍的石油及天然气行业储运安全技术也是目前最成熟和可靠的。

（3）可操作性：为培养应用型人才的需要，教材内容中，强调了操作技能的培养，如消防设备的使用及维护方法，重点介绍了油库、加油气站应急情况下的应急处理手段，如：输油管道发生事故的抢维修技术、加油站发生常见事故的处理方法等。

（4）提高分析和解决问题能力：每部分内容增加了近几年发生的典型案例。通过对案例的分析，提高学生对事故分析能力及事故发生紧急情况下的处理能力。

教学建议

本教材建议学时为40学时，各章学时分配如下。

第1章：理论教学2学时。通过本章教学使学生了解本课程的研究对象与内容，掌握油气储运安全技术与管理研究的意义。

第2章：理论教学4学时。通过本章教学使学生了解危险、有害因素分类与识别方法；掌握重大危险源辨识与控制理论；掌握事故致因理论及管理方法。

第3章：理论教学6学时。通过本章教学使学生系统掌握安全评价的基本概念及原理；掌握定性与定量安全分析方法。

第4章：理论教学8学时。通过本章教学使学生掌握CNG加气站、

LNG 加气站、加油站、输油站场安全管理技术与管理知识。

第 5 章：理论教学 6 学时。通过本章教学使学生掌握油库油品储运安全技术与管理方面知识；掌握油库设备安全检修的一般要求；掌握油库设备检修过程中的隔离封堵和清扫清洗技术；掌握油库动火、动土、罐内和高空作业安全要求。

第 6 章：理论教学 6 学时。通过本章教学使学生掌握管道安全评价模式；掌握输油管道运行安全管理技术；掌握输气管道与站场运行安全管理技术；掌握管道安全运行控制技术。

第 7 章：理论教学 8 学时。通过本章教学使学生掌握防火和灭火的基本原理；掌握消防给水与灭火剂用量计算方法；掌握泡沫灭火设备设施使用方法；了解灭火作战方案制定和演练要求；掌握油库加油站火灾的扑救方法。

自学建议

（1）本课程涉及规范等条文内容较多，在自学过程中，需要结合课外相关资料。

（2）要学会结合前阶段油气储运工程专业课程理论背景，综合分析，解读成因，释出疑虑。

（3）本课程实践性较强，需要有丰富的实践经验才能加深理解和掌握，在有限的学习时段内，应主动参与现场观摩，增强感性认识。

（4）培养预习下一次课堂内容的习惯，能全面试做每章节后的思考题。

适用对象

本书是高等院校油气储运工程专业本、专科使用教材，是从事油气储运安全技术与管理工作人员的参考资料，同时也适用于工程技术人员，管理人员参阅。

编写团队

在本书的编写过程中，得到了中石化浙江舟山石油有限公司鲁信春副总经理以及浙江天禄能源有限公司朱根民总经理的大力支持和帮助，另外郝斌、王奕文、叶佳君、陈安等浙江海洋大学本科生在资料收集和整理过程中付出了辛勤劳动。

致谢

本书参考了国内外油气储运工程领域的研究成果，谨向原作者和出版社致以崇高的敬意和诚挚的感谢。

本书由浙江海洋大学教材出版基金资助出版。

由于编著时间仓促，书中缺点和错误在所难免，真诚希望广大读者给予批评赐教，以臻完善。

编者

2016 年 5 月

目　录

第1章 绪 论

教学目标：

1. 了解石油天然气行业事故特点
2. 掌握储运安全技术研究对象及内容

本章重点：

1. 了解石油天然气的危险特性
2. 掌握研究储运安全技术的意义

本章导读：石油及天然气是国家的重要能源之一，随着石油及天然气的发展，石油及天然气在国民生产和生活中扮演着重要的角色，越来越受到人们的重视。

作为国家支柱产业的石油天然气行业具有“易燃易爆、有毒有害、高温高压、连续作业、链长面广”等特点，极具各种危险性，事故发生概率高，且一旦发生事故后果极其严重。因此，油气储运安全是石油天然气行业首先要考虑的问题之一，采取有效的安全防范措施，对工程全程进行有效监控与管理，可以说已经成为保障石油天然气行业财产和人身安全的重要手段。

1.1 油气储运事故案例

对于石油天然气行业，油气储运作为从油气开采到终端销售的中间环节，具有不可替代的重要作用。由于石油及天然气具有易燃、易爆、挥发性强等特性，在储运过程中极易发生泄漏、燃烧以及爆炸等事故。储运事故的发生，会造成大量的国家财产损失、人员伤亡、环境破坏，甚至产生极坏的社会影响。

据统计，新中国成立以来石油天然气行业储运事故已经多达数千起，带来的损失是巨大的。

近几年发生的典型事故：

（1）大连市开发区新港镇输油管道发生爆炸引发火灾。

2010 年 7 月 15 日 15 时 30 分许，“宇宙宝石”油轮开始向国际储运公司原油罐区卸油，卸油作业在两条输油管道同时进行。当天 20 时许，作业人员开始通过原油罐区内一条输油管道（内径 0.9 米）上的排空阀，向输油管道中注入脱硫剂。7 月 16 日 13 时许，油轮暂停卸油作业，但注入脱硫剂的作业没有停止。18 时许，在注入了 88 立方米脱硫剂后，现场作业人员加水对脱硫剂管路和泵进行冲洗。18 时 8 分许，靠近脱硫剂注入部位的输油管道突然发生爆炸，引发火灾，造成部分输油管道破损，大量原油泄漏。附近储罐阀门、输油泵房和电力系统损坏。事故导致储罐阀门无法及时关闭，火灾不断扩大。原油顺地下管沟流淌，形成地面流淌火。事故造成 103 号罐和周边泵房及港区主要输油管道严重损坏，部分原油流入附近海域。

经初步分析，此次事故的原因是，在“宇宙宝石”油轮已暂停卸油作业的情况下，作业人员继续向输油管道中注入含有强氧化剂的原油脱硫剂，造成输油管道内发生化学爆炸。大火持续燃烧 15 个小时，事故现场设备管道损毁严重，周边海域受到污染，社会影响重大，教训极为深刻。

事故原因：①事故单位对所加入原油脱硫剂的安全可靠性没有进行科学论证；②原油脱硫剂的加入方法没有正规设计，没有对加注作业进行风险辨识，没有制定安全作业规程；③原油接卸过程中安全管理存在漏洞。指挥协调不力，管理混乱，信息不畅，有关部门接到暂停卸油作业的信息后，没有及时通知停止加剂作业，事故单位对承包商现场作业疏于管理，现场监护不力；④事故造成电力系统损坏，应急和消防设施失效，罐区阀门无法关闭。另外，港区内原油等危险化学品大型储罐集中布置，也是造成事故险象环生的重要因素。

（2）青岛输油管道爆炸。

2013 年 11 月 22 日凌晨 3 点，位于青岛市黄岛区秦皇岛路与斋堂岛路交汇处的输油管线破裂，事故发现后，约 3 点 15 分关闭输油，斋堂岛街约 1 000 平方米路面被原油污染，部分原油沿着雨水管线进入胶州湾，海面过油面积约 3 000 平方米。黄岛区立即组织在海面布设两道围油栏。处置过程中，当日上午 10 点 30 分许，黄岛区沿海河路和斋堂岛路交汇处发生爆燃，同时在入海口被油污染海面上发生爆燃。事故共造成 62 人遇难，136 人受伤，直接经济损失 7.5 亿元。

事故原因：输油管道泄漏原油进入市政排水暗渠，在形成密闭空间的暗渠内油气积聚遇火花发生爆炸。事故发生的直接原因是输油管道与排水暗渠交汇处管道腐蚀减薄、管道破裂、原油泄漏，流入排水暗渠及反冲到路面。原油泄漏后，现场处置人员采用液压破碎锤在暗渠盖板上打孔破碎，产生撞击火花，引发暗渠内油气爆炸。由于原油泄漏到发生爆炸达 8 个多小时，受海水倒灌影响，泄漏原油及其混合气体在排水暗渠内蔓延、扩散、积聚，最终造成大范围连续爆炸。

（3）西安储油罐爆炸事故。

2010 年 10 月 11 日 20 时 40 分，西安市某化工厂内一个储油罐发生爆炸，事故至少造成 6 人不同程度受伤。事故发生后，西安市公安消防支队立即启动将于次年召开的世园会消防预案，调集全市多个消防中队近百辆消防车和数百名消防官兵赶赴现场展开抢险，直到 22 时 30 分许将险情基本控制，但仍在对爆燃油罐进行喷水冷却。公安灞桥分局出动 260 余名警力维护现场秩序，并对附近 2 000 余名群众进行了安全疏散。

21 时 05 分，38 名消防官兵和 9 辆消防车赶赴现场进行处置，当时现场的火焰高达 20 多米，他们除了对爆炸起火的油罐进行灭火外，还会同随后赶到现场的官兵对另外 4 个地埋油罐进行不间断地冷却，经过 1 小时 40 分钟的紧张扑救，终于将火势控制，险情基本被排除。

23 时 30 分，事发现场整个院内污水横流，远远就能闻到还有刺鼻的气味在空中飘浮着，距爆炸厂房约 70 米处是油罐爆炸的中心位置。炸裂的油罐残骸倒栽在泥土中，半截已经不见踪影，而紧邻该罐最危险的油罐还在向外冒着热气。加工柴油的器具也乱七八糟横躺在院内各处，而该厂房玻璃也被爆炸震得支离破碎。在现场的公安灞桥消防支队 8 中队的 38 名官兵仍在对现场另外 4 个半埋在地下的油罐喷水降温。

事故原因：一辆油罐车卸油过程中出现事故引起。

从以上的案例可以得出，作为储运设备中的油轮、管道、油罐都可能会发生事故，事故类型及原因也各有不同。随着国家经济高速发展，油库规模越来越大、管道覆盖范围越来越广，带给储运行业的安全压力也与日俱增。

1.2 油气储运安全技术研究的意义

石油及天然气行业具有“易燃易爆、有毒有害、高温高压、连续作业、链长面广”等特点，极具危险性，事故发生概率高，且一旦发生事故后果极其严重。油气储运安全是石油天然气行业首先要考虑的问题之一，采取有效的安全防范措施，对工程全程进行有效监控与管理，可以说已经成为保障石油天然气行业财产和人身安全的重要手段。

因此，在石油及天然气行业研究油气储运技术是十分必要的，其原因主要有以下几方面。

（1）原材料和油品的性质：石油及天然气行业生产过程中涉及物料危险性大，发生火灾、爆炸及群死群伤事故几率高。石油及天然气行业生产过程中所使用的原材料、辅助材料半成品和成品绝大多数属易燃、可燃物质，一旦泄漏，其蒸发的气体与空气形成爆炸性混合气体，极易引发燃烧和爆炸事故；许多物料是高毒或剧毒物质，极易导致人员伤亡。

（2）工艺条件：石油及天然气行业生产工艺复杂，运行条件要求严格，易出现突发灾难性事故。生产过程需要经历很多物理、化学过程和传质、传热单元操作，一些过程控制条件要求异常苛刻，如高温、高压、低温、真空等。

（3）生产方式：石油及天然气行业生产装置大型化，生产规模大，连续性强，局部事故会影响整个装置的运行。装置呈大型化和单系列，自动化程度高，只要某一部位、某一环节发生故障或操作失误，就会牵一发而动全身。

（4）设备装置：石油及天然气行业生产设备日益大型化，原油罐从1万 m^3 增加到15万 m^3 甚至20万 m^3；液化气球罐从400 m^3 发展到8 000 m^3，低温贮罐从5 m^3增加到2万 m^3，甚至5万 m^3。但设备大型化导致安全生产、防火灭火、安装检修的难度不断加大，并产生相应的变化。一旦发生事故，扑救难度大，损失更加严重。

（5）动力能源：石油天然气行业生产具有火源、电源、热源交织使用的特点。这些动力能源如果存在设备与工艺缺陷、管理不当等情况，极易发生各种事故。石油天然气行业生产安全管理是企业经营的重要组成部分，它关系到企业经营状况和企业整体形象的好坏，是保证企业振兴与发展的一项重要工作。

（6）设计依据：石油及天然气行业安全设计标准与先进国家相比存在差距，主要表现为：安全设计标准偏低，有的标准不完善，在项目建设过程中擅自压缩安全建设投资，相关设计的法律责任不明确；新建装置对工程质量、供应质量控制保证体系不健全，存在产品质量缺陷、安全质量不过关等问题，导致在生产运行中发生事故。

1.3 储运安全技术研究对象及内容

油气储运安全技术是为了控制和消除油气储运工程中各种潜在的不安全因素，针对储运行业设计、生产作业环境、设备设施、工艺流程以及作业人员等方面存在的问题，而采取的一系列技术措施。

油气储运安全技术是一门综合性的学科，其研究内容涉及对储运行业的人、物、环境等诸多对象采取的安全技术措施；设计、施工、验收、操作、维修以及经营管理等诸多环节中的安全技术问题，包括安全设计、设备和设施的安全技术管理、检修安全技术、防雷防静电技术、环境保护、劳动保护、消防技术、事故预测与分析技术等。

油气储运工程生产介质是原油、成品油、天然气及其相关产品，具有以下危险特性：

（1）易燃性。

石油产品的组分主要是碳氢化合物及其衍生物，属于可燃性有机物质，含有大量轻质组分，不需要很高温度，甚至在常温下蒸发速度也很快。由于油品在储存收发作业中，不可能是全封闭的，导致油蒸气大量积聚和飘移，与空气混合形成可燃性气体，只要有足够的点火能量，就容易发生燃烧。

油品的燃烧速度很快，尤其是轻质油品，汽油的燃烧线速度最大可达 5 m/s，重量速度最大可达 221 $kg/m^2 \cdot h$，水平传播速度也很大，即使在封闭的储油罐内，火焰的水平传播速度也可达 2 ~ 4 m/s，因此，油品一旦发生燃烧，难以控制，容易造成严重后果。

（2）易爆性。

爆炸是一种破坏性极大的物理化学现象。石油产品的蒸气中存在一定数量的氢分子，含有氢分子的油蒸气与空气组成混合气体的比例达到一定时，碰到很小能量的引爆源，就可能发生爆炸。

可燃性气体或可燃性液体蒸气与空气或氧气混合后，在某一浓度范围内，遇到火源将引起爆炸，此浓度范围称为混合气体的爆炸极限。当浓度高于或低于某一极限值时，火焰便不再蔓延，这个使可燃气体与空气组成的混合物在点火后可以蔓延的最高浓度称为混合气体的爆炸上限。相应地，能使火焰蔓延的最低浓度称为混合气体的爆炸下限。

油品的爆炸下限很低，尤其是轻质油品，油蒸气易积聚飘移，影响范围大，因而，浓度处于爆炸极限范围内的机会比较大，引爆能量仅为0.2 mJ，相当于一枚大头针从一米高处落到水泥地上所产生的能量。而加油站中的绝大多数引爆源都具有足够的能量来引爆油气混合物。如明火、金属撞击、车辆尾气、静电放电闪火等等，均能引爆油气混合物。

油品的易燃性与易爆性在一定条件下可以转变。当空气中的油蒸气浓度在爆炸极限范围以内时，与火源接触，随即发生爆炸。如果油蒸气能够不断地补充，就创造了继续燃烧的条件，即爆炸转为燃烧。若油蒸气浓度高于爆炸极限的上限时，遇有火源，则先燃烧。当油蒸气浓度降到爆炸极限范围内时，便由燃烧转为爆炸。

油品的易爆性还表现在爆炸温度极限越接近于环境温度，越容易发生爆炸。冬天室外储存汽油，发生爆炸的危险性比夏天还大。夏天在室外储存汽油因气温高，在一定时间内，汽油蒸气的浓度容易处于饱和状态，往往先发生燃烧，而不是爆炸。

（3）易积聚静电荷性。

两种不同物体，包括固体、液体、气体和粉尘，通过摩擦、接触、分离等相互运动，能产生静电荷，其中一物体带正电，另一物体带负电。静电的产生和积聚同固体的导电性能有关。油品的电阻率在$10^{10}\Omega\cdot m$以上，是静电非导体。当油品在运输和装卸作业时会产生大量静电，并且油品静电的产生速度远大于流散速度，很容易引起静电荷积聚，静电电位往往可达几万伏。而静电易积聚的场所，常有大量的油气存在，很容易造成静电火灾。

油品的静电积聚不仅能引起静电火灾爆炸事故，还限制油品的作业条件，造成作业时间延迟和工作效率的降低。

（4）易受热膨胀性。

油品受热后，温度升高，体积膨胀，如汽油，温度变化1℃，其体积变化0.12%。一个5 000 m^3油罐，温度升高10℃，其油品体积将膨胀60 m^3，同时也使蒸气压升高。所以储存汽油的密闭油桶如靠近高热或日光曝晒，受热膨胀，桶内压力增加，容易造成容器胀裂。另一方面，当容器内热油冷却时，又会使油品体积收缩而造成桶内负压，引起容器吸瘪，这种热胀冷缩现象会损坏储油容器而发生漏油现象。

由于油品的热膨胀性，储油容器，尤其是各种规格的油桶，不同季节都应规定不同的安全容量，输油管线上应设有泄压装置。

（5）易蒸发、易扩散和易流淌性。

油气的密度是空气密度的1.1～5.5倍，甲烷为0.717 kg/m^3，乙烷为1.357 kg/m^3，丙烷为2.005 kg/m^3，而空气为1.293 kg/m^3。虽然除甲烷外都比空气重，但油气与空气混合后的混合气体密度，同空气很接近，尤其是轻质油品蒸气与空气的混合物，受风影响扩散范围广。无风时，油气也可沿地面扩散出50 m以外，并沿地面和水面飘移，积聚在坑洼地带，所以加油站与周围各建筑物之间要有一定的安全距离，并考虑风向，风力大小，以防火灾及灾情扩大。

液体都有流动扩散的特性，油品的流动扩散能力与油品的黏度有关。低黏度的轻质油品，密度小于水，其流动扩散性很强。重质油品的黏度较高，但当温度升高时，黏度降低，其流动扩散性也随之增强。所以储存油品的设备由于穿孔、破损，常发生漏油事故。

思考题

（1）为什么说在石油及天然气行业研究油气储运技术是十分必要的？

（2）石油及天然气主要有哪些特性？

第2章　系统安全工程基础知识

教学目标：

1. 了解危险、有害因素的基本概念及分类，了解重大危险源的概念及相关术语
2. 掌握危险、有害因素的识别方法，掌握重大危险源的辨识依据

本章重点：

1. 危险有害因素的识别
2. 重大危险源辨识与控制

本章导读：危险、有害因素主要指客观存在的危险、有害物质或能量超过临界值的设备、设施和场所等，是导致事故发生的根本原因。安全评价进行之前，先要进行危险、有害因素分析，然后确定系统内存在的危险，这是防止事故发生的第一步。

2.1 危险、有害因素的分类与识别

2.1.1 危险、有害因素的概念

危险因素指能对人造成伤亡或对物造成突发性损害的因素。

有害因素指能影响人的身体健康，导致疾病，或对物造成慢性损害的因素。

通常情况下，对两者并不加以区分而统称为危险、有害因素，主要指客观存在的危险、有害物质或能量超过临界值的设备、设施和场所等。

2.1.2 危险、有害因素的分类

对危险、有害因素进行分类的目的在于安全评价时便于进行危险、有害因素的分析与识别。危险、有害因素分类的方法多种多样，安全评价中常“按导致事故的直接原因”和“参照事故类别”进行分类。

根据《生产过程危险和有害因素分类与代码》（GB/T 13861—2009）的规定，将生产过程中的危险、有害因素分为以下四大类。

1. 物的因素

（1）物理性危险、有害因素。

包括设备、设施缺陷，防护缺陷，电危害，噪声危害，振动危害，辐射，运动物危害，明火，能造成灼伤的高温物质，能造成冻伤的低温物质，粉尘与气溶胶，作业环境不良，信号缺陷，标志缺陷及其他物理性危险和有害因素。

（2）化学性危险、有害因素。

包括易燃易爆性物质，反应活性物质，有毒物质，腐蚀性物质及其他化学性危险和有害因素。

（3）生物性危险、有害因素。

包括致病微生物，传染病媒介物，致害动物，致害植物及其他生物危险和有害因素。

2. 人的因素

（1）心理、生理性危险、有害因素。

包括负荷超限，健康状况异常，从事禁忌作业，心理异常，识别功能缺陷及其他心理、生理性危险和有害因素。

（2）行为性危险、有害因素。

包括指挥错误，操作错误，监护错误及其他行为性危险和有害因素。

3. 环境因素

（1）室内作业场所环境不良。

包括室内地面滑，室内作业场所狭窄，室内作业场所杂乱，室内地面不平，室内梯架缺陷，地面、墙和天花板上开口缺陷，房屋基础下沉，室内安全通道缺陷，房屋安全出口缺陷，采光照明不良，作业场所空气不良，室内温度、湿度、气压不适，室内给、排水不良，室内涌水等因素。

（2）室外作业场所环境不良。

包括恶劣气候与环境，作业场地和交通设施湿滑，作业场地狭窄，作业场地杂乱，作业场地不平，航道狭窄、有暗礁或险滩，脚手架、阶梯和活动梯架缺陷，地面开口缺陷，建筑物和其他结构缺陷，门和围栏缺陷，作业场地基础下沉，作业场地安全通道缺陷，作业场地光照不良，作业场地空气不良，作业场地温度、湿度、气压不适，作业场地涌水等因素。

（3）地下（含水下）作业环境不良。

包括隧道/矿井顶面缺陷，隧道/矿井正面或侧壁缺陷，隧道/矿井地面缺陷，地下作业面空气不良，地下火，冲击地压，地下水，水下作业供氧不当等因素。

（4）其他作业环境不良。

4. 管理因素

（1）包括职业安全卫生组织机构不健全。

（2）职业安全卫生责任制未落实。

（3）职业安全卫生管理规章制度不完善。

（4）职业安全卫生投入不足。

（5）职业健康管理不完善。

（6）其他管理因素缺陷。

2.1.3 危险、有害因素的识别

1. 设备或装置的危险有害因素识别

（1）工艺设备、装置的危险、有害因素识别。

工艺设备、装置的危险、有害因素一般从以下几个方面识别：

①设备本身是否能满足工艺的要求，这包括标准设备是否由具有生产资质的专业工厂所生产、制造，特种设备的设计、生产、安装、使用是否具有相应的资质或许可证；

②是否具备相应的安全附件或安全防护装置，如安全阀、压力表、温度计、液压计、阻火器、防爆阀等；

③是否具备指示性安全技术措施，如超限报警、故障报警、状态异常报警等；

④是否具备紧急停车的装置；

⑤是否具备检修时不能自动投入，不能自动反向运转的安全装置。

（2）化工设备的危险、有害因素识别。

此类识别，一般需分析以下4点：

①是否有足够的强度；

②是否密封安全可靠；

③安全保护装置是否配套；

④适用性强否。

（3）电气设备的危险、有害因素识别。

电气设备的危险、有害因素识别，应紧密结合工艺的要求和生产环境的状况来进行，一般可从以下几方面进行识别：

①电气设备的工作环境是否属于爆炸和火灾危险环境，是否属于粉尘、潮湿或腐蚀环境。在这些环境中工作时，对电气设备的相应要求是否满足；

②电气设备是否具有国家指定机构的安全认证标志，特别是防爆电器的防爆等级；

③电气设备是否为国家颁布的淘汰产品；

④用电负荷等级对电力装置的要求；

⑤电气火花引燃源；

⑥触电保护、漏电保护、短路保护、过载保护、绝缘、电气隔离、屏护、电气安全距离等是否可靠；

⑦是否根据作业环境和条件选择安全电压，安全电压值和设施是否符合规定；

⑧防静电、防雷击等电气联结措施是否可靠；

⑨管理制度方面的完善程度；

⑩事故状态下的照明、消防、疏散用电及应急措施用电的可靠性；

⑪自动控制系统的可靠性，如不间断电源、冗余装置等。

（4）特种机械的危险、有害因素识别。

①起重机械。

有关机械设备的基本安全原理对于起重机械都适用，即设备本身的制造质量应该良好，材料坚固，具有足够的强度而且没有明显的缺陷。所有的设备都必须经过测试，而且进行例行检查，以保证其完整性。应使用正确设备。对于起重机械，主要识别翻倒、超载、碰撞、基础损坏、操作失误、负载失落等危险、有害因素。

②厂内机动车辆。

厂内机动车辆应该制造良好、没有缺陷，载重量、容量及类型应与用途相适应。车辆所使用的动力的类型应当是经过检查的，因为作业区域的性质可能决定了应当使用某一特定类型的车辆。在不通风的封闭空间内不宜使用内燃发动机的动力车辆，因为要排出有害气体。车辆应加强维护，以免重要部件（如刹车、方向盘及提升部件）发生故障。任何损坏均需报告并及时修复。操作员的头顶上方应有安全防护措施。应按制造者的要求来使用厂内机动车辆及其附属设备。

对于厂内机动车辆，主要存在翻倒、超载、碰撞、楼板缺陷、载物失落、爆炸及燃烧等危险、有害因素。

③传送设备。

最常用的传送设备有胶带输送机、滚轴和齿轮传送装置，对其主要识别夹钳、擦伤、卷入伤害、撞击伤害等危险、有害因素。

（5）锅炉及压力容器的危险、有害因素识别。

锅炉及压力容器是广泛用于工业生产、公用事业和人民生活的承压设备，包括锅炉、压力容器、有机载热体炉和压力管道，属于在安全上有特殊要求的设备。为了确保特种设备的使用安全，国家对其设计、制造、安装和使用等各环节，实行国家劳动安全监察。

锅炉及有机载热体炉都是一种能量转换设备，其功能是用燃料燃烧（或其他方式）释放的热能加热给水或有机载热体，以获得规定参数和品质的蒸汽、热水或热油等。

广义上的压力容器就是承受压力的密闭容器，包括压力锅、各类储罐、压缩机、航天器、核反应罐、锅炉和有机载热体炉等。为了安全管理上的便利，往往对压力容器的范围加以界定。在《特种设备安全监察条例》（国务院373号令）中规定，最高工作压力大于或等于0.1 MPa，容积大于或等于25 L，且最高工作压力与容积的乘积不小于20 MPa·L的容器为压力容器。因此，狭义的压力容器不仅不包括压力很小、容积很小的容器，也不包括锅炉、有机载热体炉、核工业的一些特殊容器和军事上的一些特殊容器。

压力管道是在生产、生活中使用，用于输送介质，可能引起燃烧、爆炸或中毒等危险性较大的管道，从安全监察的需要分为工业管道、公用管道和长输管道。

对于锅炉与压力容器，主要从以下几方面对危险、有害因素进行识别：

①锅炉压力容器内具有一定温度的带压工作介质是否失效；

②承压元件是否失效；

③安全保护装置是否失效。

由于安全防护装置失效或（和）承压元件的失效，使锅炉压力容器内的工作介质失控，从而导致事故的发生。

常见的锅炉压力容器失效有泄漏和破裂爆炸。泄漏是指工作介质从承压元件内向外漏出或其他物质由外部进入承压元件内部的现象。如果漏出的物质是易燃、易爆、有毒物质，不仅可以造成热（冷）伤害，还可能引发火灾、爆炸、中毒、腐蚀或环境污染。破裂爆炸是承压元件出现裂缝、开裂或破碎现象。承压元件最常见的破裂形式有韧性破裂、脆性破裂、疲劳破裂、腐蚀破裂和蠕变破裂等。

（6）登高装置的危险、有害因素识别

常用的登高装置有梯子、活梯、活动架、脚手架（通用的或塔式的），吊笼、吊椅、升降工作平台、动力工作平台等，其主要有以下危险、有害因素：

①登高装置自身结构方面的设计缺陷；

②支撑基础下沉或毁坏；

③不恰当地选择了不够安全的作业方法；

④悬挂系统结构失效；

⑤因承载超重而使结构损坏；

⑥因安装、检查、维护不当而造成结构失效；

⑦因为不平衡造成的结构失效；

⑧所选设施的高度及臂长不能满足要求而超限使用；

⑨由于使用错误或者理解错误而造成的不稳；

⑩负载爬高；

⑪攀登方式不对或脚上穿着物不合适、不清洁造成跌落；

⑫未经批准使用或更改作业设备；

⑬与障碍物或建筑物碰撞；

⑭电动、液压系统失效；

⑮运动部件卡住。

2. 作业环境的危险、有害因素识别

作业环境中的危险、有害因素主要有危险物品、工业噪声与振动、温度与湿度和辐射等。

（1）危险物品的危险、有害因素识别。

生产中的原料、材料、半成品、中间产品、副产品以及贮运中的物质分别以气、液、固态存在，它们在不同的状态下分别具有相对应的物理、化学性质及危险、危害特性，因此，了解并掌握这些物质固有的危险特性是进行危险、危害识别、分析、评价的基础。

危险物品的识别应从其理化性质、稳定性、化学反应活性、燃烧及爆炸特性、毒性及健康危害等方面进行分析与识别。例如甲醇的危险、有害识别：

危险物品的物质特性可从危险化学品安全技术说明书中获取。危险化学品安全技术说明书主要由“成分/组成信息、危险性概述、理化特性、毒理学资料、稳定性和反应活性”等16项内容构成。

进行危险物品的危险、有害性识别与分析时，危险物品分为以下10类。

①易燃、易爆物质：引燃、引爆后在短时间内释放出大量能量的物质，由于其具有迅速地释放能量的能力而产生危害，或者是因其爆炸或燃烧而产生的物质造成危害（如有机溶剂）；

②有害物质：人体通过皮肤接触或吸入、咽下后，对健康产生危害的物质；

③刺激性物质：对皮肤及呼吸道有不良影响（如丙烯酸酯）的物质，有些人对刺激性物质反应强烈，且可引起过敏反应；

④腐蚀性物质：用化学的方式伤害人身及材料的物质（如强酸、碱），可对人产生化学灼伤，如作用于物质表面（设备、管道、容器等）则会造成腐蚀、损坏。

⑤有毒物质：以不同形式干扰、妨碍人体正常功能的物质，它们可能加重器官（如肝脏、肾）的负担，如氯化物溶剂及重金属（如铅）。

⑥致癌、致突变及致畸物质：阻碍人体细胞的正常发育生长，致癌物造成或促使不良细胞（如癌细胞）的发育，造成非正常胎儿的生长，产生死婴或先天缺陷；致突变物质及致畸物质干扰细胞发育，造成后代的变化；

⑦造成缺氧的物质：蒸气或其他气体，造成空气中氧气成分的减少或者阻碍人体有效地吸收氧气（如二氧化碳、一氧化碳及氰化氢）；

⑧麻醉物质：如有机溶剂等，麻醉作用使脑功能下降；

⑨氧化剂：在与其他物质，尤其是易燃物接触时导致放热反应的物质；

⑩生产性粉尘：主要产生在开采、破碎、粉碎、筛分、包装、配料、混合、搅拌、散粉装卸及输送除尘等生产过程中的粉尘，长时间接触可能导致尘肺病，爆炸性粉尘在空气中达到一定的浓度（爆炸下限浓度）时有爆炸危险。

（2）工业噪声与振动的危险、有害因素识别。

噪声能引起职业性噪声聋或引起神经衰弱、心血管疾病及消化系统等疾病的高发，会使操作人员的失误率上升，严重的会导致事故发生。

工业噪声可以分为机械噪声、空气动力性噪声和电磁噪声等3类。

噪声危害的识别主要根据已掌握的机械设备或作业场所的噪声确定噪声源、声级和频率。

振动危害有全身振动和局部振动，可导致中枢神经、植物神经功能紊乱、血压升高，也会导致设备、部件的损坏。

振动危害的识别则应先找出产生振动的设备，然后根据国家标准，参照类比资料确定振动的危害程度。

（3）温度与湿度的危险、有害因素识别。

温度、湿度的危险、危害主要表现在：高温、低温可引起灼（烫）伤、冻伤；高温、高湿环境可影响劳动者的体温调节，水盐代谢及循环系统、消化系统、泌尿系统等；温度急剧变化会造成材料变形或热应力过大，甚至引起破裂而引发事故；高温、高湿环境会加速材料腐蚀；高温环境可使火灾危险性增大。

常见的生产性热源主要有工业炉窑、电热设备、高温工件（如铸锻件）、高温液体（如导热油、热水）和高温气体等。

温度、湿度危险、危害因素的识别应主要从以下几方面进行：

①了解生产过程的热源、发热量、表面绝热层的有无，表面温度，与操作者的接触距离等情况；

②是否采取了防灼伤、防暑、防冻措施，是否采取了空调措施；

③是否采取了通风（包括全面通风和局部通风）换气措施，是否有作业环境温度、湿度的自动调节、控制。

（4）辐射的危险有害因素识别。

随着科学技术的进步，在化学反应、金属加工、医疗设备、测量与控制等领域，接触和使用各种辐射能的场合越来越多，存在着一定的辐射危害。辐射主要分为电离辐射（如α粒子、β粒子、γ粒子和中子、X粒子）和非电离辐射（如紫外线、射频电磁波、微波等）两类。

电离辐射伤害则由α、β、X、γ粒子和中子极高剂量的放射性作用所造成。

射频辐射危害主要表现为射频致热效应和非致热效应两个方面。

3. 与手工操作有关的危险、有害因素识别

在从事手工操作，搬、举、推、拉及运送重物时，有可能导致的伤害有：椎间盘损伤，韧带或筋损伤，肌肉损伤，神经损伤，挫伤、擦伤、割伤等。其危险、有害因素识别分述如下。

（1）远离身体躯干拿取或操纵重物；

（2）超负荷的推、拉重物；

（3）不良的身体运动或工作姿势，尤其是躯干扭转、弯曲、伸展取东西；

（4）超负荷的负重运动，尤其是举起或搬下重物的距离过长，搬运重物的距离过长；

（5）负荷有突然运动的风险；

（6）手工操作的时间及频率不合理；

（7）没有足够的休息及恢复体力的时间；

（8）工作的节奏及速度安排不合理。

4. 运输过程的危险、有害因素识别

原料、半成品及成品的贮存和运输是企业生产不可缺少的环节。这些运输物质中，有不少是易燃、可燃等危险品，一旦发生事故，必然造成重大的经济损失。

危险化学品包括爆炸品、压缩气体和液化气体、易燃液体、易燃固体、自燃物品和遇湿易燃物品、氧化剂、有机过氧化物、有毒品和腐蚀品等，其危险有害因素识别分述如下。

（1）爆炸品的危险性及其贮运危险因素识别。

爆炸品一般具有敏感易爆性，即受到外界热源、机械撞击、摩擦、冲击波、爆红波、光、电、静电火花等作用时能引起爆炸，绝大多数爆炸品爆炸时会产生 CO，CO_2，NO，NO_2，HCN，N_2 等有毒或窒息性气体，从而引起人体中毒、窒息。

爆炸品贮运危险因素识别。主要根据以下几方面要求进行识别：

①单个仓库中最大允许贮存量的要求；

②分类存放的要求；

③装卸作业是否具备安全条件；

④铁路、公路、水上运输的安全要求是否具备；

⑤爆炸品贮运作业人员是否具备相应资质及处置能力。

（2）易燃液体分类及其贮运危险因素识别。

易燃液体的危险性主要依据其闪点进行划分，《建筑设计防火规范》（GB 50016—2014）将其分为甲、乙、丙 3 类，《危险货物分类和品名编号）（GB 6944—2012）则将易燃液体分为低闪点、中闪点和高闪点 3 类。显然，闪点越低，易燃液体的火灾危险性就越大。此外，易燃液体中多数都是电介质，电阻率高，易产生静电积聚，火灾危险性较大。

易燃液体贮运危险因素主要从以下几个方面识别：

①整装易燃液体贮存：贮存状况、技术条件、防火要求等；

②散装易燃液体贮存：防泄漏、防流散，防静电、防雷击、防腐蚀、装卸操作、管理等方面。

③整装易燃液体运输：装卸作业及公路、铁路、水路运输的装载量、配装位置、安全条件等；

④散装易燃液体运输：公路、铁路、水路和管道运输各有不同的危险因素，主要从防泄漏、防静电、防雷击、防交通事故及装卸操作等方面识别。

（3）易燃物品分类及其贮运危险因素识别。

易燃物品包括易燃固体、自燃物品及遇湿易燃物品。

易燃固体种类繁多、数量极大，根据其燃点的高低分为易燃固体和可燃固体。易燃固体燃点较低，与氧化剂及强酸作用或受摩擦撞击易发生燃烧，本身或其燃烧产物有毒。

自燃物品根据氧化反应速度和危险性大小分成一级自燃物品和二级自燃物品。自燃物品不需外界火源，会在常温空气中由物质自发的物理和化学作用放出热量，如果散热受到阻碍，就会蓄积而导致温度升高，达到自燃点而引起燃烧。其自行的放热方式有氧化热、分解热、水解热、聚合热、发酵热等。

遇湿易燃物品按其遇水受潮后发生化学反应的激烈程度、产生可燃气体和放出热量的多少，分成一级遇湿易燃物品和二级遇湿易燃物品。遇湿易燃物品的危险特性表现为：

①活泼金属及合金类、金属氢化物类、硼氢化物类、金属粉末类的物品遇湿反应剧烈放出 H_2 和大量热，致使 H_2 燃烧爆炸；

②金属碳化物类、有机金属化合物类如 K_4C，Na_4C，Ca_2C，Al_4C_3 等遇湿会放出 C_2H_2、CH_4 等极易着火爆炸的物质；

③金属磷化物与水作用会生成易燃、易爆、有毒的 PH_3；

④金属硫化物遇湿会生成有毒的可燃的 H_2S 气体；

⑤生石灰、无水氯化铝、过氧化钠、苛性钠、发烟硫酸、氯磺酸、三氯化磷等遇水会放出大量热，会将邻近可燃物引燃。

（4）毒害品分类及其贮运危险因素识别。

毒害品包括有机和无机两大类。无机剧毒、有毒物品主要包括氰及其化合物，砷及其化合物，硒及其化合物，汞、锑、铍、氟、铯、铅、钡、磷、碲及其化合物等。有机剧毒、有毒物品主要包括卤代烃及其卤化物类，有机金属化合物类，有机磷、硫、砷及腈、胺等化合物类，某些芳香环、稠环及杂环化合物类，天然有机毒品等。

毒害品主要具有以下危险特性：

①氧化性：在无机有毒物品中，汞和铅的氧化物大都具有氧化性，与还原性强的物质接触，易引起燃烧爆炸，并产生毒性极强的气体；

②遇水、遇酸分解性：大多数毒害品遇酸或酸雾分解并放出有毒的气体，有的气体还具有易燃和自燃危险性，有的甚至遇水会发生爆炸；

③遇高热、明火、撞击会发生燃烧爆炸：芳香族的二硝基氯化物、萘酚、酚钠等化合物，遇高热、撞击等都可能引起爆炸并分解出有毒气体，遇明火会发生燃烧爆炸；

④闪点低、易燃：目前列入危险品的毒害品共536种，有火灾危险的为476种，占总数的89%，而其中易燃烧液体为236种，有的闪点极低；

⑤遇氧化剂发生燃烧爆炸：大多数有火灾危险的毒害品，遇氧化剂都能发生反应，此时遇火就会发生燃烧爆炸。

毒害品的贮存危险因素识别主要从技术条件及库房仓储等两个方面考虑：如针对毒害品具有的危险特性采取相应的措施，采取分离、隔开或隔离储存方式，毒害品包装及封口方面的泄漏危险，贮存温度、湿度方面的危险，操作人员作业中失误等危险因素，作业环境空气中有毒物品浓度方面的危险，防火间距、耐火等级、防爆措施、腐蚀性、贮存量等方面的危险因素。

毒害品运输危险因素识别则要考虑不同的输送方式，包括公路、铁路、水路运输和装卸过程中存在的危险因素。

5. 建筑和拆除过程的危险、有害因素识别

建筑过程中的危险、有害因素集中于“四害”，即高处坠落、物体打击、机械伤害和触电伤害。建筑行业还存在职业卫生问题，首先是尘肺病；此外还有因寒冷、潮湿的工作环境导致的早衰、短寿；因过热气候、长期户外工作导致的皮肤癌；因

重复的手工操作过多导致的外伤；以及因噪声造成的听力损失。

在拆除过程中的危险、有害因素是指建筑物、构筑物过早倒塌以及从工作地点和进入通道上坠落，其根本原因是工作没有按照严格、适用的计划和程序进行。

6. 生产过程的危险、有害因素识别

尽管现代生产过程千差万别，但如果能够通过事先对危险、有害因素的识别，找出可能存在的危险、危害，就能够对所存在的危险、危害采取相应的措施（如修改设计，增加安全设施等），从而可以大大提高生产过程和系统的安全性。

现代科学技术高度发展的今天，由于装置的大型化，过程的自动化，一旦发生事故，后果相当严重。因此，发现问题要比解决问题更重要，亦即在生产过程的设计阶段就要进行危险、有害性分析，并通过对设计、安装、试车、开车、停车、正常运行、抢修等阶段的危险、有害性分析，识别出生产全过程中所有危险、有害性，然后研究安全对策措施并进行验证，这是保证系统安全的重要手段。

在进行危险、有害因素的识别时，要全面、有序地进行识别，防止出现漏项，宜按厂址、总平面布置、道路运输、建构筑物、生产工艺、物流、主要设备装置、作业环境管理等几方面进行识别。识别的过程实际上就是系统安全分析的过程。

（1）厂址：要从厂址的工程地质、地形地貌、水文、气象条件、周围环境、交通运输条件、自然灾害、消防支持等方面分析、识别。

（2）总平面布置：要从功能分区、防火间距和安全间距、风向、建筑物朝向、危险有害物质设施、动力设施（氧气站、乙炔气站、压缩空气站、锅炉房、液化石油气站等）、道路、贮运设施等方面进行分析、识别。

（3）道路及运输：要从运输、装卸、消防、疏散、人流、物流、平面交叉运输和竖向交叉运输等几方面进行分析、识别。

（4）建构筑物：要从厂房的生产火灾危险性分类，耐火等级、结构、层数、占地面积、防火间距、安全疏散等方面进行分析、识别；要从库房储存物品的火灾危险性分类、耐火等级、结构、层数、占地面积、安全疏散、防火间距等方面进行分析、识别。

7. 工艺过程危险性识别

（1）对新建、改建、扩建项目设计阶段危险、有害因素，应从以下6个方面进行分析、识别：

①对设计阶段是否通过合理的设计，尽可能从根本上消除危险、有害因素的

发生；

②当消除危险、有害因素有困难时，是否采取了预防性技术措施来预防或消除危险、危害的发生；

③当无法消除危险或危险难以预防的情况下，是否采取了减少危险、危害的措施；

④当在无法消除、预防、减弱危险的情况下，是否将人员与危险、有害因素隔离；

⑤当操作者失误或设备运行一旦达到危险状态时，是否能通过连锁装置来终止危险、危害的发生；

⑥在易发生故障和危险性较大的地方，是否设置了醒目的安全色、安全标志和声、光警示装置等。

（2）进行安全现状评价时，可针对行业和专业的特点及行业和专业制定的安全标准、规程进行危险、有害因素分析、识别。

以化工、石油化工为例，工艺过程的危险、有害性识别有以下几种情况：

①存在不稳定物质的工艺过程，这些不稳定物质有原料、中间产物、副产物品、添加物或杂质等；

②含有易燃物料而且在高温、高压下运行的工艺过程；

③含有易燃物料且在冷冻状况下运行的工艺过程；

④在爆炸极限范围内或接近爆炸性混合物的工艺过程；

⑤有可能形成尘、雾爆炸性混合物的工艺过程；

⑥有剧毒、高毒物料存在的工艺过程；

⑦储有压力能量较大的工艺过程。

（3）对于一般的工艺过程，也可以按以下原则进行工艺过程的危险、有害性识别：

①有能使危险物的良好防护状态遭到破坏或者损害的工艺；

②工艺过程参数（如反应的温度、压力、浓度、流量等）难以严格控制并可能引发事故的工艺；

③工艺过程参数与环境参数具有很大差异，系统内部或者系统与环境之间在能量的控制方面处于严重不平衡状态的工艺；

④一旦脱离防护状态后的危险物会引起或极易引起大量积聚的工艺和生产环境。例如含危险气、液的排放，尘、毒严重的车间内通风不良等；

⑤有产生电气火花、静电危险性或其他明火作业的工艺，或有炽热物、高温熔

融物的危险工艺或生产环境；

⑥能使设备可靠性降低的工艺过程，例如有低温、高温、振动和循环负荷疲劳影响等；

⑦存在由于工艺布置不合理较易引发事故的工艺；

⑧在危险物生产过程中有强烈机械作用影响（如摩擦、冲击、压缩等）的工艺；

⑨容易产生物质混合危险的工艺或者有使危险物出现配伍禁忌可能性的工艺；

⑩其他危险工艺。

（4）典型单元过程（单元操作）危险、有害因素的识别

典型的单元过程是各行业中具有典型特点的基本过程或基本单元，如化工生产过程的氧化还原、硝化、电解、聚合、催化、裂化、氯化、磺化、重氮化、烷基化等，石油化工生产过程的催化裂化、加氢裂化、加氢精制、乙烯、氯乙烯、丙烯腈、聚氯乙烯等。

单元操作过程中的危险性是由所处理物料的危险性决定的。例如，处理易燃气体物料时要防止爆炸性混合物的形成，特别是负压状态下的操作，要防止混入空气而形成爆炸性混合物；处理易燃固体或可燃固体物料时，要防止形成爆炸性粉尘混合物；当处理含有不稳定物质的物料时，要防止不稳定物质的积聚或浓缩。

下列单元操作有使不稳定物质积聚或浓缩的可能：蒸馏、过滤、蒸发、分筛、萃取、结晶、再循环、旋转、回流、凝结、搅拌、升温等。举例如下：

①不稳定物质减压蒸馏时，若温度超过某一极限值，可能发生分解爆炸；

②粉末筛分时容易产生静电，而干燥的不稳定物质筛分时，可能在某些部位形成粉尘积聚而易发生危险事故；

③反应物料循环使用时，可能造成不稳定物质的积聚而使危险性增大；

④反应液静置过程中，所含不稳定的物质有可能在某些部位相对集中，若溶液蒸发，不稳定物质被浓缩，往往会成为自燃的火源；

⑤在大型设备中进行反应，如果含有回流操作时，危险物品有可能在回流操作中被浓缩；

⑥在不稳定物质的合成过程中，搅拌是重要因素，以控制反应速度和体系温度；

⑦若使含不稳定物质的物料升温，有可能引起突发性放热爆炸。

2.2 重大危险源辨识与控制理论

2.2.1 重大危险源辨识

1. 重大危险源的概念

我国国家标准《危险化学品重大危险源辨识》（GB 18218—2009）中将重大危险源定义为长期或临时生产、加工、搬运、使用或贮存危险物质，且危险物质的数量等于或超过临界量的单元。单元指一个（套）生产装置、设施或场所，或同属一个工厂的且边缘距离小于500 m的几个（套）生产装置、设施或场所。如果对重大危险源控制不当，就有可能导致重大事故的发生。重大事故具有伤亡人数众多、经济损失严重、社会影响大的特征。目前，国际上已习惯将重大事故特指为重大火灾、爆炸、毒物泄漏事故。一般说来，重大危险源总是涉及易燃、易爆或有毒性的危险物质，并且在一定范围内使用、生产、加工或贮存超过临界量的这些物质。重大危险源控制的目的，不仅是预防重大事故发生，而且要做到一旦发生事故，能将事故危害限制到最低程度。

2. 相关术语和定义

（1）危险化学品（dangerous chemicals）：具有易燃、易爆、有毒、有害等特性，会对人员、设施、环境造成伤害或损害的化学品。

（2）单元（unit）：一个（套）生产装置、设施或场所，或同属一个生产经营单位的且边缘距离小于500 m的几个（套）生产装置、设施或场所。

（3）临界量（threshold quantity）：对于某种或某类危险化学品规定的数量，若单元中的危险化学品数量等于或超过该数量，则该单元定为重大危险源。

（4）危险化学品重大危险源（major hazard installations for dangerous chemicals）：长期地或临时地生产、加工、使用或储存危险化学品，且危险化学品的数量等于或超过临界量的单元。

3. 重大危险源辨识依据和指标

危险化学品重大危险源的辨识依据是危险化学品的危险特性及其数量。若单元内存在危险化学品的数量等于或超过上述标准所规定的临界量，即被定为重大危险源。单元内存在的危险化学品的数量根据处理危险化学品种类的多少区分为以下两种情况：

（1）单元内存在的危险化学品为单一品种，则该危险化学品的数量即为单元内危险化学品的总量，若等于或超过相应的临界量，则定为重大危险源。

（2）单元内存在的危险化学品为多品种时．则按下式计算，若满足下面公式，则定为重大危险源：

$$\frac{q_1}{Q_1}+\frac{q_2}{Q_2}+\cdots+\frac{q_n}{Q_n}\geqslant 1$$

式中：q_1，q_2，…，q_n——每种危险化学品的实际存在量，t；Q_1，Q_2，…，Q_n——与各危险化学品相对应的临界量，t。

表2－1是常见危险化学品及其临界量。

表2－1　常见危险化学品临界量

类别	危化品名称	临界量/t	类别	危化品名称	临界量/t
爆炸品	雷酸汞	0.5	易燃液体	苯，二硫化碳	50
	三硝基甲苯	5		甲苯，乙醇	500
	硝化甘油	1		汽油	200
易燃气体	CH_4，天然气	50	易燃物质	黄磷	50
	液化石油气	50	遇水易燃物质	电石	100
	氢	5		钠	10
	乙炔	1	氧化性物质	发烟硫酸	100
	乙烯	50		过氧化钠	20
毒性气体	氨，环氧乙烷	10		氯酸钾	100
	二氧化氮	1	有机过氧化物	过氧乙酸	10
	SO_2，HCl	20	毒性物质	氰化氢	1
	溴甲烷	10		甲苯二异氰酸酯	100
	硫化氢，氯	5		二氧化硫	75
	煤气	20		异氰酸甲酯	0.75

2.2.2　重大危险源控制

1. 重大危险源控制的意义

由于重大危险源所涉及的危险物质具有易燃、易爆、有毒、有害的特性，如果控制不当，极易发生事故，造成人员伤亡、财产损失和环境污染。沉痛的教训告诫人们，为了杜绝和减少重大事故的发生，尽量降低它对人们造成的伤害以及由此带来的重大损失，必须对重大危险源实行有效的控制。只有对重大危险源主要涉及的易燃、易爆、有毒危险物质的生产、使用、处理和贮存等工艺处理全过程加以严格有效的控制，加强各环节的管理，才能避免重大事故的发生。因此，研究控制重大危险源的对策是十分必要的。

目前，一些发达国家已制定了较为完善的重大危险源控制体系。如欧共体在1982年颁布的《工业活动中重大事故危险法令》（简称《塞韦索法令》），促使英国、荷兰、德国、法国、意大利等成员国都颁布了有关重大危险源控制规程；1992年美国政府颁布的《高度危险化学品处理过程的安全管理》标准（PSM），要求企业必须完成对重大危险源的分析和评价工作。随后，在1996年澳大利亚国家职业安全卫生委员会颁布了重大危险源控制国家标准，将该标准作为控制重大危险源的立法依据。

20世纪90年代初，我国开始重视重大危险源的辨识、评价和控制工作，已取得了一些进展。2001年4月1日起实施的、由国家经贸委安全生产局提出的国家标准GB 18218—2000《重大危险源辨识》，为我国有效地控制重大危险源奠定了坚实的基础。该标准于2009年进行了修订，名称变更为《危险化学品重大危险源辨识》(GB 18218—2009)，2009年12月1日起实施。

2. 重大危险源的危险性分级

重大危险源的危险性分级，目前国际、国内通用的做法是以单元固有危险大小作为分级的依据。分级的目的主要是便于政府对危险源进行分级控制。分级标准的划定不仅是一项技术方法，而且是一项政策性行为，分级标准严或宽将影响各级政府行政部门直接控制的危险源的数量配比。分级标准划定原则是使各级政府直接控制的危险源总量自下而上呈递减趋势。

危险源分级的方法主要有两种：一种是分级的标准不变或分级结果不随参加分级的危险源的数目而变化，称为危险源静态分级方法；另一种是危险源数是可变的或分级的标准是可变的或两者皆可变，称为危险源动态分级方法。这两种分级方法的具体内容如下：

（1）危险源静态分级主要是以打分方式来进行的，如陶氏化学公司火灾、爆炸指数法；蒙德火灾、爆炸、毒性指数法；日本化工厂六阶段评价法，以及我国的机械工厂危险程度分级方法；化工厂危险程度分级法；冶金工厂危险程度分级法等。

这些危险源分级方法，有利于政府部门建立对危险源的监控机制。虽然打分法操作起来比较简便，但受主观因素的影响，不同的人所打出的分数有很大的差异，危险性等级划分的尺度很难把握，势必影响危险分析的准确性。

（2）危险源的动态分级是按某种原则反复进行分级和修改的，直到分级满足某种规则为止。分级的研究对象是全体同类危险源，其包含的元素数目极大。危险源动态分级的常用方法有：具有自组织功能的神经网络方法、DT 动态分级法等。

目前我国重大危险源的危险性分级尚未制定统一的分级标准，在易燃、易爆、有毒的生产场所常见的做法是根据重大危险源的死亡半径（R）进行分级，将重大危险源划分为四级：

一级重大危险源，$R \geqslant 200$ m；

二级重大危险源，100 m$\leqslant R<200$ m；

三级重大危险源，50 m$\leqslant R<100$ m；

四级重大危险源，$R<50$ m。

一级重大危险源由国家主管部门直接控制；二级重大危险源由省和直辖市政府控制；三级重大危险源由县、市政府控制；四级重大危险源由企业重点管理控制。

3. 重大危险源控制系统的主要内容

重大危险源控制的目的，不仅是预防重大恶性事故的发生，而且要做到一旦发生事故，能将事故危害降低到最低程度。由于工业生产活动的复杂性，有效地控制重大危险源需要采用系统工程的思想和方法，建立起一个完整而且行之有效的系统。重大危险源控制系统主要由以下 6 个部分组成。

（1）重大危险源的辨识。防止重大事故发生的第一步，是辨识和确认重大危险源。对重大危险源实行有效控制首先就要解决对重大危险源的正确辨识。企业应根据其具体情况，认真而系统地在企业内部进行重大危险源辨识工作。对重大危险源的确认，可根据国家标准 GB 18218—2009《危险化学品重大危险源辨识》进行。

（2）重大危险源的评价。重大危险源评价是控制重大工业事故的关键措施之一。一般来说，它是对已确认的重大危险源作深入、具体的危险分析和评价。通过对重大危险源的危险性进行评价，可以掌握重大危险源的危险性及其可能导致重大事故发生的事件，了解重大事故发生后的潜在后果，并提出事故预防措施和减轻事故后果的措施。

（3）重大危险源的管理。在对重大危险源进行辨识和评价后，企业应通过技术措施和组织措施，对重大危险源进行严格的控制和管理。其中，技术措施包括化学品的选用，设施的设计、建造、运行、维修以及有计划的检查；组织措施包括对人员的培训与指导，提供保证其安全的设备，对工作人员、外部合同工和现场临时工的管理。

（4）重大危险源的安全报告。安全报告应详细说明重大危险源的情况，可能引发事故的危险因素以及前提条件、安全操作和预防失误的控制措施，可能发生的事故类型、事故发生的可能性及后果、限制事故后果的措施、现场事故应急救援预案等。

（5）事故应急救援预案。事故应急救援预案是重大危险源控制系统的一个重要组成部分。它的目的是抑制突发事件，尽量减少事故对人、财产和环境的危害。一个完整的应急计划由两部分组成：现场应急计划（由企业负责制定）和场外应急计划（由政府主管部门制定）。应急计划应提出详尽、实用、明确和有效的技术措施与组织措施。同时，政府有关部门应制定综合性的土地使用政策，确保重大危险源与居民区和其他工作场所、机场、水库、其他危险源和公共设施安全隔离。

（6）重大危险源的监察。强有力的管理及监察对有效控制重大危险源头是至关重要的。它是使控制重大危险源的措施得以落实的保证。政府主管部门必须派出经过培训、考核合格的技术人员定期对重大危险源进行监察、调查和评估，并制定出相应的法规，提出明确的要求，以便执行时有章可循。

本章小结

危险有害因素主要指客观存在的危险有害物质或能量超过临界值的设备、设施和场所。按照导致事故的直接原因，危险有害因素可分为物的因素、人的因素、环境因素及管理因素；按照起因物、引起事故的诱导性原因、致害物、伤害方式等，则可将危险有害因素分为20类。

本章介绍了不同设备或装置（工艺设备，化工设备，机械加工设备，电气设备，特种机械，锅炉及压力容器，登高装置等）、作业环境（危险物品、工业噪声、温度与湿度、辐射等）、手工操作、运输过程、建筑和拆除过程以及生产过程（反应工艺与单元操作）中的危险、有害因素辨识方法，介绍了重大危险源的基本概念、辨识依据和指标以及危险性分级方法。此外，还介绍了重大危险源控制系统的主要内容，即重大危险源的辨识、评价、管理、安全报告、事故应急救援预案以及监察。

思考题

1. 简述危险、有害因素的定义及区别。

2. 分析危险、有害因素与事故的关系。
3. 危险、有害因素辨识方法有哪些？
4. 什么是重大危险源？
5. 重大危险源的辨识依据是什么？
6. 简述重大危险源控制系统的主要内容。

第3章 系统安全分析与评价

教学目标：

1. 了解系统安全评价的基本概念
2. 理解系统安全评价原理
3. 掌握安全检查表、危险性预先分析、故障类型和影响分析、危险性与可操作性研究、作业条件危险性评价、事件树分析等定性或半定性半定量分析方法
4. 掌握事故树分析，道化学火灾、爆炸危险指数评价法，蒙德火灾、爆炸、毒性危险指数评价法等定量评价方法

本章重点：

1. 危险性预先分析、危险性与可操作性研究、事件树分析方法
2. 事故树分析，道化学火灾、爆炸危险指数评价法

本章导读：系统安全是人们为解决复杂系统的安全性问题而开发研究出来的安全理论和方法体系。系统安全工程包括系统危险源辨识、危险性评价、危险源控制等基本内容。危险源辨识是指发现、识别系统中的危险、有害因素，是危险源控制的基础。危险性评价是指评价危险源导致事故、造成人员伤害或财产损失的危险程度，包括定性安全分析与定量安全评价方法。危险源控制是指利用工程技术和管理手段消除、控制危险源，防止危险源导致事故、造成人员伤害和财物损失。

3.1 系统安全评价的基本概念及原理

3.1.1 系统与系统观

系统是指由若干相互联系的、为了达到一定目标而具有独立功能的要素所构成的有机整体。现代工业技术的发展要求人们以联系的、变化的、整体的系统观对待安全问题。其主要观点包括：

（1）一切生产系统都是动态系统。在生产系统运动过程中，其动态结构反馈机制及各种内外动力和制约等都在发生变化：两类危险源在相互转化；主要危险因素与次要危险因素在相互转化；非危险因素与危险因素在相互转化；系统及其危险程度和状态在变化。安全评价应顾及这些变化。

（2）一切生产系统都是客观系统。对系统危险源和危险性的判断，必须源于对客观系统的正确、真实的认识而不能是主观的曲解，评价手段的先进性和可靠性是安全评价的基本条件，因此在进行安全评价的研究中应对此予以关注。

（3）一切生产系统都是相互联系的子系统构成的有机整体。不同的子系统在生产系统中具有不同的重要性，也具有不同的危险性和不同的事故后果严重性。安全评价就是要判断各子系统的这些特性，分轻重缓急地提出不同的安全措施，实现系统整体性安全。

辨证唯物论是系统观的基础，辨证唯物论的认识论是人类正确认识客观世界的有力武器。毫无疑问，这个认识论也是进行安全评价必须遵循的基本依据。

因此，安全评价应该是系统安全评价，即要以发展的全面的观点探讨安全、危险、事故与事故后果之间的辨证关系，要追求安全评价中做出的主观判断真实反映被评价对象客观实际。

3.1.2 系统安全与系统安全工程

1. 系统安全

系统安全是指在系统寿命期间内应用系统安全工程和管理方法，识别系统中的危险源，定性或定量表征其危险性，并采取控制措施使其危险性最小化，从而使系统在规定的性能、时间和成本范围内达到最佳的可接受安全程度（如图 3－1 所示）。

系统安全是人们为解决复杂系统的安全性问题而开发、研究出来的安全理论、方法体系。

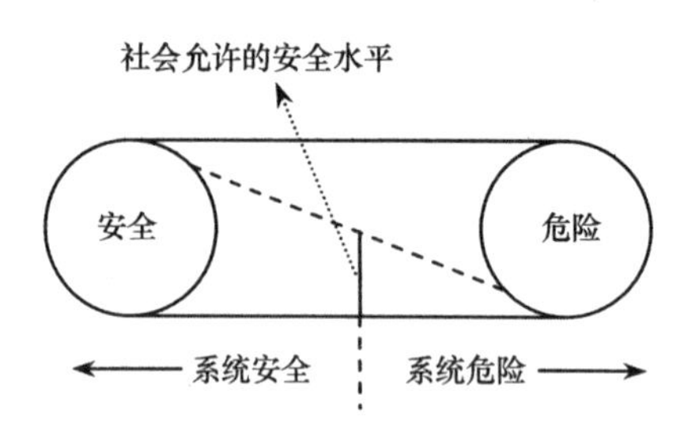

图 3－1　系统安全与系统危险的关系

2. 系统安全工程

系统安全工程运用科学和工程技术手段辨识、消除或控制系统中的危险源，实现系统安全。系统安全工程包括系统危险源辨识、危险性评价、危险源控制等基本内容。

（1）危险源辨识。

危险源辨识是发现、识别系统中危险源的工作。它是危险源控制的基础。

系统安全分析方法是危险源辨识的主要方法。系统安全分析方法可以用于辨识已有事故记录的危险源，也可用于辨识没有事故经验的系统的危险源。系统越复杂，越需要利用系统安全分析方法来辨识危险源。

（2）危险性评价。

危险性评价是评价危险源导致事故、造成人员伤害或财产损失的危险程度的工作。系统中往往有许多危险源，系统危险性评价是对系统中危险源危险性的综合评价。

危险性评价是对系统进行“危险检出”的工作，即判断系统固有危险源的危险性是否在“社会允许的安全限度”以上，以决定是否应采取危险源控制措施。

（3）危险源控制。

危险源控制是利用工程技术和管理手段消除、控制危险源。防止危险源导致事故、造成人员伤害和财物损失的工作。

系统安全工程的三个基本内容并非严格的分阶段进行，而是相互交叉、相互重叠进行的，它们既有独立内涵，又相互融合，构成了系统安全的有机整体。图 3－2 为系统安全工程的逻辑结构。

3.1.3　系统安全评价

以系统安全工程为思想基础的安全评价有以下基本认识：

（1）确定“社会允许的安全限度”是安全评价的前提。“社会允许的安全限度”即公众在一定历史阶段、一定生产经营领域所能够接受的危险性程度。国家、

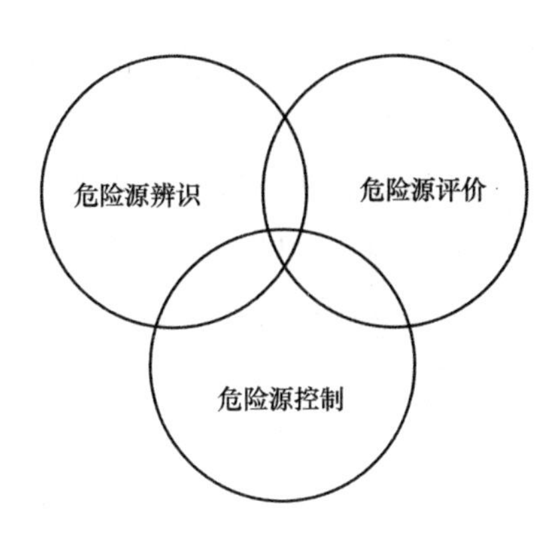

图 3－2　系统安全工程的逻辑结构

行业的法律、法规或强制性标准，社会的道德规范等是确定“社会允许的安全限度”的依据。人类在追求更加舒适、安全的生活、生产环境的同时，“社会允许的安全限度”呈现动态递减的趋势。因此，不断以新的标准和更高的要求进行系统安全评价是必须的。

（2）与危险性评价不同，系统安全评价是对系统进行“安全确认”的工作。系统通常具有安全性、危险性和中间性三种因素，为了确认系统安全，不但要判断系统危险性因素发生事故的条件，还要判断那些中间性因素在系统生命期内趋向恶化而成为潜在危险性因素的条件。只有杜绝或严格控制了这些条件的系统，才是安全系统。因此，安全评价既要以“社会允许的安全限度”的视角来考查系统，又不能局限于此，要重视对尚属于中间性因素的潜在危险性因素的判断和评价。

（3）系统危险性包含系统发生各种事故的可能性和事故后果的严重性两层含义。由于危险具有绝对性，事故具有随机性，彻底杜绝各类事故只能是人类的理想，必须采取有效措施，预防和控制事故后果。为了预防各类事故和事故后果，不但要对系统危险源的大小、方位进行确认，更要对系统因危险源的作用而出现的偏差、故障、隐患、异常等危险状态进行识别，还要对系统发生事故后的影响范围和影响程度进行评估。因此，安全评价不但要估计事故发生的可能性，而且要估计事故后果的严重性。

3.2　定性安全分析

3.2.1　安全检查表

1. 概述

系统安全是人们所追求的目标，为实现这一目标，对可能引起系统事故所有原因应事先清楚地了解和掌握，以便对不安全因素实施控制和预防。显然，了解与掌握真正不安全因素是实现系统安全的首要任务。为了能够真正发现问题，则需要对系统进行全面的分析检查。安全检查表就是为此目的而产生的。它是安全评价最基础最初步的一种方法。它不仅是实施安全检查和诊断的一种工具，也是发现潜在危险因素的一个有效手段和分析事故并对系统进行定性安全评价的一种方法。

安全检查表法（Safety Checklist Analysis，SCA）是依据有关标准、规范、法律条款和专家的经验，在对系统进行充分分析的基础上，将系统分成若干个单元或层次，列出所有的危险因素，确定检查项目，然后编制成表，按此表对已知的危险类别、设计缺陷以及与一般工艺设备、操作、管理有关的潜在危险性和有害性进行判别检查。

安全检查表实际上就是一份实施安全检查和诊断的项目明细表，是安全检查结果的备忘录。这种用提问方式编成的检查表，很早就应用于安全工作中。它是安全系统工程中最基础、最初步的一种形式。现代安全系统工程中很多分析方法，如危险性预先分析、故障模式及影响分析、事故树分析、事件树分析等，都是在安全检查表基础上发展起来的。

安全检查表在安全检查中之所以能够发挥作用，是因为安全检查表是用系统工程的观点，组织有经验的人员，首先将复杂的系统分解成为子系统或更小的单元，然后集中讨论这些单元中可能存在什么样的危险性、会造成什么样的后果、如何避免或消除它等。由于可以事先组织有关人员编制、容易做到全面周到，避免漏项。经过长时期的实践与修订，可使安全检查表更加完善。

2. 安全检查表的作用

（1）安全检查人员能根据检查表预定的目的、要求和检查要点进行检查，做到突出重点、避免疏忽、遗漏和盲目性，及时发现和查明各种危险和隐患。

（2）针对不同的对象和要求编制相应的安全检查表，可实现安全检查的标准化、规范化。同时也可为设计新系统、新工艺、新装备提供安全设计的有用资料。

（3）依据安全检查表进行检查，是监督各项安全规章制度的实施和纠正违章指挥、违章作业的有效方式。它能克服因人而异的检查结果，提高检查水平，同时也是进行安全教育的一种有效手段。

（4）可作为安全检查人员或现场作业人员履行职责的凭据，有利于落实安全生产责任制，同时也可为新老安全员顺利交接安全检查工作打下良好的基础。

3. 安全检查表的分类

安全检查表按其用途可分为以下几种：

（1）设计审查用安全检查表。分析事故情报资料表明，由于设计不良而存在不安全因素所造成的事故约占事故总数的1/4。如果在设计时能够设法将不安全因素除掉，则可取得事半功倍的效果。否则，设计付诸实施后，再进行安全方向的修改，不仅浪费资金，而且往往收不到满意的效果。因此，在设计之前，应为设计者提供相应的安全检查表。检查表中应附上有关规程、规范、标准，这样既可扩大设计人员知识面，又可使他们乐于采取这些标准中的数据与要求，避免与安全人员发生争议。安全人员也可在“三同时”审查时使用此类安全检查表。设计用的安全检查表其内容主要包括：厂址选择、平面布置、工艺流程的安全性、装备的配置、建筑物与构筑物、安全装置与设施、操作的安全性、危险物品的贮存与运输、消防设施等方面。

（2）厂级安全检查表。这类检查表供全厂性安全检查用，也可供安全技术、防火部门进行日常检查时使用。其主要内容包括厂区内各个产品的工艺和装置的安全可靠性、要害部位、主要安全装置与设施、危险品的贮存与使用、消防通道与设施、操作管理及遵章守纪情况等。检查要突出要害部位、注意力集中在大面的检查上。

（3）车间用安全检查表。供车间进行定期安全检查或预防性检查时使用。该检查表主要集中在防止人身、设备、机械加工等事故方面，其内容主要包括工艺安全、设备布置、安全通道、在制品及物件存放、通风照明、噪声与振动、安全标志、人机工程、尘毒及有害气体浓度、消防设施及操作管理等。

（4）工段及岗位用安全检查表。用于日常安全检查、工人自查、互查或安全教育，检查重点集中在防止人身伤亡事故及误操作引起的事故方面。其内容应根据工序或岗位的主体设备、工艺过程、危险部位、防灾控制点及整个系统的安全性来制定。要求内容具体，简明易行。

（5）专业性安全检查表。由专业机构或职能部门编制和使用。主要用于专业检查或定期检查，如对电气设备、锅炉与压力容器、防火防爆、特殊装置与设施等的专业检查。检查表的内容要符合有关专业安全技术要求。

4. 安全检查表的编制

安全检查表看似简单，但要使其在使用中能切合实际、真正起到全面系统地辨识危险性的作用，则需要有一个高质量的安全检查表。要编制这样的检查表，需要做好如下几项工作。

（1）组织编写组，其成员应是熟悉该系统的专业人员、管理人员和实际操作人员。

（2）对系统进行全面细致的了解，包括系统的结构、功能、工艺条件等基本情况和有关安全的详细情况。例如，系统发生过的事故，事故原因、影响和后果等。还要收集系统的说明书、布置图、结构图等。

（3）收集与系统有关的国家法规、制度、标准及得到公认的安全要求、国内外的事故情报、本单位的经验等，作为安全检查表的编制依据。

（4）一般工程系统（装置）都比较复杂，难以直接编制出科学的安全检查表。应按照系统的结构或功能进行分割、剖析，逐一审查每个单元或元素找出一切影响系统安全的危险因素，包括人、机、环境和管理等因素，并列出清单。对于难以认识其潜在危险因素和不安全状态的生产系统，可采用类似“黑箱法”原理来探求。即首先设想系统可能存在哪些危险及其潜在部分，并推论事故发生过程和概率，然后逐步将危险因素具体化，最后寻求处理危险的方法。通过分析不仅可以发现其潜在危险因素，而且可以掌握事故发生的机理和规律。

（5）针对危险因素清单，从有关法规、制度、标准及技术说明书等文件资料中，逐个找出对应的安全要求及避免或减少危险因素发展为事故应采取的安全措施，形成对应危险因索的安全要求与安全措施清单。

（6）综合上述两个清单，按系统列出应检查问题的清单。每个检查问题应包括是否存在危险因素，应达到的安全指标，应采取的安全措施。这种检查问题的清单就是最初编制的安全检查表。

（7）检查表编制后，要经过多次实践的检验，经不断修改完善，才能成为标准的安全检查表。编制程序如图3－3所示。

5. 安全检查表评价

对现有系统装置的安全检查，应包括巡视和自检检查主要工艺单元区域。在巡视过程中，检查人员按检查表的项目条款对工艺设备和操作情况逐项比较检查。检查人员依据系统的资料，对现场巡视检查、与操作人员的交谈以及凭个人主观感觉来回答检查条款。当检查的系统特性或操作有不符合检查表条款上的具体要求时，分析人员应记录下来。

检查完成后，将检查的结果汇总和计算，最后列出具体的安全建议和措施。

安全检查表的编制和实施可以概括为：确定分析对象，找出其危险点；确定检

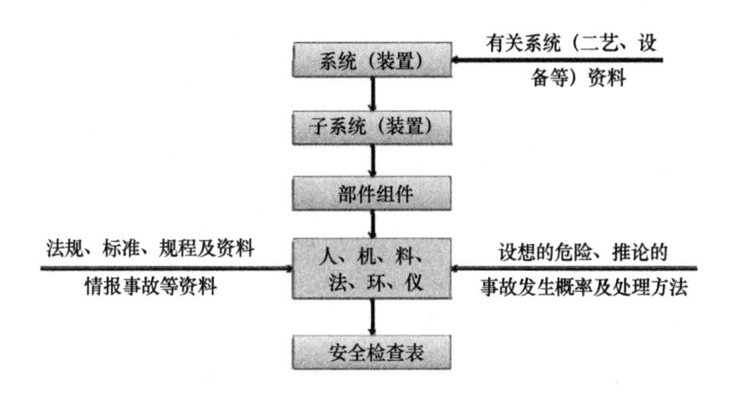

图 3－3　安全检查表编制程序

查项目，定出具体内容；顺序编制成表，逐项进行检查。

3.2.2　危险性预先分析

1. 危险性预先分析概述

危险性预先分析（Preliminary Hazard Analysis，PHA）也叫预先危险性分析，是在某一项工程活动之前（包括系统设计、审查阶段和施工、生产），进行危险性预先分析，它对系统存在的危险类别、发生条件、事故结果等进行概略的分析，把这一工作称为危险性预先分析。其目的在于尽量防止采用不安全技术路线、使用危险性物质、工艺和设备。如果必须使用时，也可以从设计和工艺上考虑采取安全措施，使这些危险性不致发展成为事故，它的特点是把分析工作做在行动之前，避免由于考虑不周而造成损失。

系统安全分析的目的不是分析系统本身，而是预防、控制或减少危险性，提高系统的安全性和可靠性。因此，必须从确保安全的观点出发，寻找危险源（点）产生的原因和条件，评价事故后果的严重程度，分析措施的可能性、有效性，采取切合实际的对策，把危害与事故降低到最低程度。

危险性预先分析的重点应放在系统的主要危险源上，并提出控制这些危险的措施。危险性预先分析的结果，可作为对新系统综合评价的依据，还可以作为系统安全要求，操作规程和设计说明书中的内容。同时危险性预先分析为以后要进行的其他危险分析打下了基础。

当生产系统处于新开发阶段，对其他危险性还没有很深的认识，或者是采用新的操作方法，接触新的危险物质、工具和设备等时，使用危险性预先分析就非常合适。由于事先分析几乎不耗费多少资金，而且可以取得防患于未然的效果，所以应该推广这种分析方法。

危险性预先分析具有以下优点：

（1）分析工作做在行动之前，可及早采取措施排除、降低或控制危害，避免由于考虑不周造成损失。

（2）对系统开发、初步设计、制造、安装、检修等做的分析结果，可以提供应遵循的注意事项和指导方针。

（3）分析结果可为制定标准、规范和技术文献提供必要的资料。

（4）根据分析结果可编制安全检查表以保证实施安全，并可作为安全教育的材料。

2. 危险性预先分析内容

根据安全系统工程的方法，生产系统的安全必须从“人－机－环”系统进行分析，而且在进行危险性预先分析时应持这种观点：即对偶然事件、不可避免事件、不可知事件等进行剖析，尽可能地把它变为必然事件、可避免事件、可知事件，并通过分析、评价，控制事故发生。

分析的内容可归纳几个方面：

（1）识别危险的设备、零部件，并分析其发生事故的可能性条件；

（2）分析系统中各子系统、各元件的交接面及其相互关系与影响；

（3）分析原材料、产品，特别是有害物质的性能及贮运；

（4）分析工艺过程及其工艺参数或状态参数；

（5）人、机关系（操作、维修等）；

（6）环境条件；

（7）用于保证安全的设备、防护装置等。

3. 危险性预先分析步骤

（1）准备阶段。

对系统进行分析之前，要收集有关资料和其他类似系统以及使用类似设备、工艺物质的系统的资料。对所要分析的系统的生产目的、工艺过程以及操作条件和周围环境作比较充分的调查了解，要弄清其功能、构造，为实现其功能所采用的工艺过程，以及选用的设备、物质、材料等。调查、了解和收集过去的经验以及同类生产系统中发生过的事故情况，查找能够造成人员伤害、物质损失和完不成任务的危险性。由于危险性预先分析是在系统开发的初期阶段进行的，而获得的有关分析系统的资料是有限的，因此在实际工作中需要借鉴类似系统的经验来弥补分析系统资料的不足。通常采用类似系统、类似设备的安全检查表作参照。

（2）审查阶段。

通过对方案设计、主要工艺和设备的安全审查，辨识其中主要的危险因素，确定危险源，也包括审查设计规范和采取的消除、控制危险源的措施。

通常，应按照预先编制好的安全检查表逐项进行审查，其审查的主要内容有以下几个方面：

①危险设备、场所、物质；

②有关安全设备、物质间的交接面，如物质的相互反应，火灾、爆炸的发生及传播，控制系统等；

③对设备、物质有影响的环境因素，如地震、洪水、高（低）温、潮湿、振动等；

④运行、试验、维修、应急程序，如人失误后果的严重性、操作者的任务、设备布置及通道情况、人员防护等；

⑤辅助设施，如物质、产品储存，试验设备，人员训练，动力供应等；

⑥有关安全装备，如安全防护设施、冗余系统及设备、灭火系统、安全监控系统、人防护设备等。

（3）汇总阶段。

根据审查结果，确定系统中的主要危险因素，绘制危险性预先分析表；研究可能发生的事故及事故产生原因，即研究危险因素转变为危险状态的触发条件和危险状态转变为事故（或灾害）的必要条件；根据事故原因的重要性和事故后果的严重程度，对确定的危险因素进行危险性分级，分清轻重缓急，并制定预防危险措施。

4. 危险等级划分

在危险性查出之后，应对其划分等级，排列出危险因素的先后次序和重点，以便分别处理。由于危险因素发展成为事故的起因和条件不同，因此在危险性预先分析中仅能作为定性评价。危险等级的划分可按 4 个级别来进行，见表 3－1。

表3-1 危险等级划分

级别	危险程度	危险后果
Ⅰ	安全的（可忽视的）	不会造成人员伤亡和系统损坏（物质损失）。
Ⅱ	临界级	处于事故的边缘状态，暂时还不会造成人员伤亡和系统损失或降低系统性能。但应予以排除或采取控制措施。
Ⅲ	危险的	会造成人员伤亡和系统破坏，应立即采取措施。
Ⅳ	灾难性的	造成人员伤亡，重伤及系统严重损坏，造成灾难性事故，必须立即予以排除。

5. 预先危险性分析表格

危险性预先分析的结果，可直观地列在一个表格中。危险性预先分析的一般表格形式，见表3-2。这是一种有代表性的危险性预先分析表格，虽然简单，但对大多数情况是足够用的，下面对表格中的每一列作出一个简单的介绍。

表3-2 预先危险性分析表格实例

1	2	3	4	5	6	7	8	9
名称或元件编号	运行方式	失效方式	可能性估计	危险描述	危险影响	危险等级	建议的控制方法	备注

（1）所要分析的元件或子系统的正式名称，在识别危险性中编号是方便的。如果没有元件，在这一列中也可以给出规程名称。

（2）在这里说明产生危险的运行方式，根据运行方式，相同的元件、子系统或规程有不同的危险。从暴露的危险可知，运行方式通常涉及整个系统。

（3）失效方式，主要指有危险的元件或子系统的失效方式。每个元件或规程及每个危险的失效方式可能不止一种。请注意，失效本身不是危险，而仅是一个致因。

（4）估计的可能性有几种表达形式，可以采用定性方式表示，如“非常可能”或“不可能”。如采用这种表示方式，必须在事件中给出明确的定义。例如，可以定义“可能”为从数千暴露小时中测量出每暴露1 h危险的可能性大于或等于10^{-4}。当然也可以仅定义为“高”或“低”，这样依次下定义，最后较准确地度量可能性。这种可能性定义还必须考虑时间、任务和系统的使用情况等因素。

（5）危险描述，注意这一列只能对危险作简要的描述。表格中每一行说明一种危险，每行所作的危险描述是不同的，前三列中可能有相同的，重申一下，危险是引起人员伤亡、财产损失和功能失常的潜在因素，危险不是失效的原因。

（6）说明危险对人或财产的影响。影响是多种多样的，对人和对财产的影响可能要分别描述。

（7）描述危险严重性。例如从轻微的到灾难性的，或采用更细致些的危险性分类。

（8）对控制方法提出建议。说明有效的危险控制措施，该措施应能降低危险的可能性或严重性。几种危险的控制方法可能都是相似或相同的。由于暴露时间是系统的基本性能，所以尽可能不采用减少暴露时间的控制方法。

（9）附加说明那些可能与危险严重性、运行、系统方式有关的及一切对危险有影响的事项。

应用危险性预先分析表格时应该特别注意的是，表中要避免使用冗长的词条，建议采用恰当的简要短语和词。另外，表格中的各列可根据系统安全评价实际有所增删。

3.2.3 故障类型和影响分析

1. 概述

故障类型和影响分析（Failure Mode Effects Analysis，FMEA）是安全系统工程中重要的分析方法之一。它是由可靠性工程发展起来的，主要分析系统、产品的可靠性和安全性。它是采用系统分割的方法，根据需要将系统划分为子系统或元件，然后逐个分析各种潜在的故障类型、原因及对于系统乃至整个系统产生的影响，以便制定措施加以消除和控制。对可能造成人员伤亡或重大财产损失的故障类型进一步分析致命影响的概率和等级，称为致命度分析（Criticality Analysis，CA）。故障类型和影响分析是定性找出危险因素，而致命度分析则是定量分析，两者结合起来称为故障类型影响和致命度分析（FEMCA）。

故障类型和影响分析是美国于1957年最早应用于飞机发动机故障分析，因其容易掌握且实用性强，得到迅速推广。目前在电子、机械、电气等领域广泛应用，国际电工委员会（IEC）已经颁布FMEA标准，我国有关部门也在制定相应标准。

2. 故障类型和故障等级

故障不同于事故，它是指元件、子系统或系统在运行时达不到设计规定的要求，因而完不成规定的任务或完成得不好。故障不一定都能引起事故。故障类型是故障呈现的状态。例如，阀门发生的故障类型可能有内漏、外漏、打不开、关不紧等4种。

故障等级，指根据故障类型对于系统或系统影响程度的不同而划分的等级。划分故障等级主要是为了分别针对轻重缓急采取相应措施。故障等级的划分方法有多种，大多根据故障类型的影响后果划分。

（1）定性分级方法。也称为直接判断法，将故障等级划分为4个等级，见表3－3。

表3－3　故障等级划分

故障等级	影响程度	可能造成的损失
Ⅰ	致命性的	可造成死亡或系统毁坏
Ⅱ	严重性的	可造成严重伤害、严重职业病或主系统损坏
Ⅲ	临界性的	可造成轻伤、轻职业病或次要系统损坏
Ⅳ	可忽略性的	不会造成伤害和职业病，系统不会受到损坏

（2）半定量分级方法。由于直接判断法只考虑了故障的严重程度，具有一定的片面性。为了更全面地确定故障的等级，可以采用风险率（或危险度）分级，即综合考虑故障发生的可能性及造成后果严重度、防止故障的难易程度和工艺设计情况等几个方面的因素来确定故障等级。

在难于取得可靠性数据的情况下，可以采用评点法，此法较简单，划分精确。它从故障影响大小、对系统造成影响的范围、故障发生频率、防止故障的难易以及是否新设计工艺等几个方面来考虑故障对系统的影响程度，用一定的点数表示程度的大小，通过计算，求出故障等级。

风险矩阵法则综合考虑了故障的发生可能性和故障发生后引起的后果，可得出比较准确的衡量标准，此标准称为风险率（也称危险度），它代表故障概率和严重度的综合评价。

3. 故障类型和影响分析表格

使用FMEA方法的特点之一就是制表。由于表格便于编码、分类、查阅、保存，所以不同部门可以根据自己的情况拟出不同的表格，但基本内容相似（表3－4）。

表3－4　故障类型和影响分析表格样式

系　统____ 子系统____		故障类型影响分析			日期：_____ 制表：_____ 主管：_____	
框图号	子系统项目	故障类型	推断原因	对子系统影响	对系统影响	故障等级

4. 分析步骤

进行故障类型和影响分析，一般分为以下5个步骤。

（1）明确系统本身的情况和目的。分析时首先要熟悉有关资料，从设计说明书等资料中了解系统的组成、任务等情况，查出系统含有多少子系统，各个子系统又含有多少单元或元件，了解它们之间如何接合，熟悉它们之间的相互关系，相互干扰以及输入和输出等情况。

（2）确定分析程度和水平。分析时一开始便要根据所了解的系统情况，决定分析到什么水平。这是一个很重要的问题。如果分析程度太浅，就会漏掉重要的故障类型，得不到有用的数据；如果分析程度过深，一切都分析到元件甚至零部件，则会造成手续复杂，采取措施困难。一般来讲，经过对系统的初步了解后，就会知道哪些子系统是比较关键的，哪些是次要的。对关键的子系统可以分析得深一些，不重要的分析得浅一些，甚至可以不进行分析。

（3）绘制系统图和可靠性框图。一个系统可以由若干个功能不同的子系统组成，如动力、设备、结构、燃料供应、控制仪表、信息网络系统等，其中还有各种接合面。为了便于分析，对复杂系统可以绘制各功能子系统相结合的系统图以表示各子系统间的关系，对简单系统可以用流程图代替系统图。从系统图可以继续画出可靠性框图，它表示各元件是串联或并联以及输入、输出情况。由几个元件共同完成一项功能时用串联连接，元件有备件时则用并联连接，可靠性框图内容应和相应的系统图一致。

（4）列出所有故障类型并选出对系统有影响的故障类型。首先，按照可靠性框图，根据过去的经验和有关的故障资料，列举出所有的故障类型，填入FMEA表格内；然后，从其中选出对子系统以至系统有影响的故障类型，深入分析其影响后果、故障等级及应采取的措施。如果经验不足，考虑得不周到，将会给分析带来影响。因此，这是一件技术性较强的工作，最好由安全技术人员、生产人员和工人三结合进行。

（5）结果汇总。故障类型和影响分析完成以后，对系统影响大的故障要汇总列表，详细分析并制定安全措施加以控制。对危险性特别大的故障类型尽可能作致命度分析。

5. 示例分析

一电机运行系统如图 3 –4 所示。该系统是一种短时运行系统，如果运行时间过长则可能引起电线过热或电机过热、短路。对该系统中主要元素进行故障类型和影响分析，结果见表 3 –5。

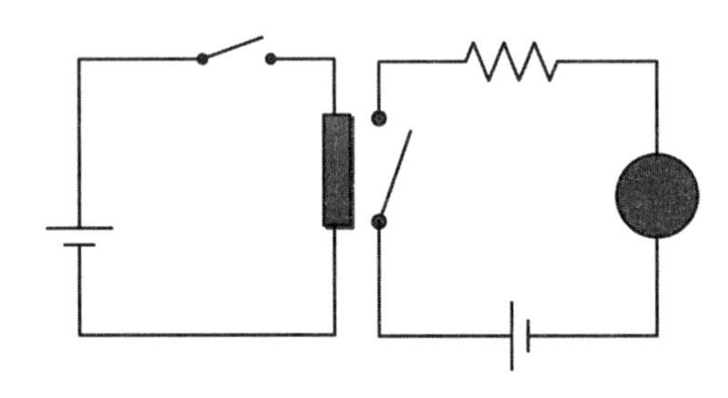

图 3 –4　电机运行系统示意图

表 3 –5　电机运行系统故障类型和影响分析表

元素	故障类型	可能原因	对系统的影响
按钮	卡住	机械故障	电机不运转
	接点断不开	机械故障 人员没放开按钮	电机运转时间过长 短路会烧毁保险丝
继电器	接点不闭合	机械故障	电机不运转
	接点不断开	机械故障 经过接点电流过大	电机运转时间过长 短路会烧毁保险丝
保险丝	不熔断	质量问题 保险丝过粗	短路时不能断开电路
电机	不转	质量问题 按钮卡住 继电器接点不闭合	丧失系统功能
	短路	质量问题 运转时间过长	电路电流过大烧毁保险丝 使继电器接点粘接

3.2.4 危险性与可操作性研究

1. 概述

危险性与可操作性研究（Hazard and Operability Study，HAZOP）是英国帝国化学工业公司（ICI）于1974年开发的，用于热力－水力系统安全分析的方法。它应用系统的审查方法来审查新设计或已有工厂的生产工艺和工程总图，以评价因装置、设备的个别部分的误操作或机械故障引起的潜在危险，并评价其对整个工厂的影响。危险性与可操作性研究，尤其适合于类似化学工业系统的安全分析。

危险性与可操作性研究的基本过程是以关键词为引导，找出系统中工艺过程的状态参数（如温度、压力、流速等）的变化（即偏差），然后再继续分析造成偏差的原因、后果及可采取的对策。

通过危险性与可操作性研究的分析，能够探明装置及过程存在的危险，根据危险带来的后果，明确系统中的主要危险；如果需要，可利用事故树对主要危险继续分析，因此它又是确定事故树“顶上事件”的一种方法。在进行可操作性研究过程中，分析人员对单元中的工艺过程及设备状况要深入了解，对单元中的危险及应采取的措施要有透彻的认识。因此，可操作性研究还被认为是对工人培训的有效方法。

可操作性研究既适用于设计阶段，又适用于现有的生产装置。对现有生产装置分析时，如能吸收有操作经验和管理经验的人员共同参加，则会收到很好的效果。

英国帝国化学工业公司开发可操作性研究，主要是应用于连续的化工过程。在连续过程中管道内物料工艺参数的变化反映了各单元设备的状况，因此，在连续过程中分析的对象确定为管道。通过对管道内物料状态及工艺参数产生偏差的分析，查找系统存在的危险。对所有管道进行分析之后，整个系统存在的危险也就一目了然。

可操作性研究方法在进行若干改进以后，也能很好地应用于间歇过程的危险性分析。在间歇过程中，分析的对象不再是管道，而应该是主体设备，如反应器等。根据间歇生产的特点，分成3个阶段：进料、介质情况和出料，分别对反应器加以分析。同时，在这3个阶段内不仅要按照关键词来确定工艺状态及参数产生的偏差，还需要考虑操作顺序等因素可能出现的偏差。这样就可对间歇过程作全面、系统的考察。

危险性与可操作性研究与其他系统安全分析方法不同，这种方法是由多人组成的小组来完成。通常，小组成员包括各相关领域的专家，采用头脑风暴法（brain-storming）来进行创造性的工作。

2. 基本概念和术语

进行危险性与可操作性研究时，应全面地、系统地审查工艺过程；不放过任何可能偏离设计意图的情况，分析其产生原因及其后果，以便有的放矢地采取控制措施。

危险性和可操作性研究常用的术语如下：

（1）意图（Intention）——希望工艺的某一部分完成的功能，可以用多种方式表达，在很多情况下用流程图描述。

（2）偏离（Deviation）——背离设计意图的情况，在分析中运用引导词系统地审查工艺参数来发现偏离。

（3）原因（Cause）——引起偏离的原因，可能是物的故障、人失误、意外的工艺状态或外界破坏等。

（4）后果（Consequence）——偏离设计意图所造成的后果。

（5）引导词（Guide words）——在辨识危险源的过程中引导、启发人的思维，对设计意图定性或定量的简单词语。常见引导词及其含义见表3－6。

表3－6　常见引导词及其含义

引导词	含义
none 空白	设计或操作要求的指标和事件完全不发生，如无流量
more 高（多）	同标准值相比，数值偏大，如温度、压力偏高
less 低（少）	同标准值相比，数值偏小，如温度、压力偏低
as well as 伴随	在完成既定的功能的同时，伴随多余事件发生
part of 部分	只完成既定功能的一部分，如组分的比例发生变化，无某些组分
reverse 相逆	出现和设计要求完全相反的事或物，如流体反向流动
other than 异常	出现和设计要求不相同的事或物

（6）工艺参数——有关工艺的物理或化学特性，它包括一般项目，如反应、混合、浓度、pH值等，以及特殊项目，如温度、压力、相态、流量等。常见工艺参数见表3－7。

表3－7　常见工艺参数

流量	时间	频率	混合
压力	成分	速度	添加
温度	pH值	浓度	分离
液位	相态	电压	反应

确定需要评价的工艺过程，则每个引导词都是与相关工艺参数结合在一起的，并应用于每一点上［研究节点、工艺部分（阶段）或操作步骤］。表3－8就是用引导词和工艺参数结合成“偏差”的例子。

表3－8　引导词与工艺参数结合示例

引导词	参数	偏差
None 没有	Flow 流量	No flow 无流量
More 较多	Pressure 压力	High pressure 压力过高
As well as 伴随	Phase 单相	Two phase 两相
Other than 异常	Operation 操作运行	Maintenance 维修

3. 研究步骤

（1）确立研究目的、对象和范围。进行危险性与可操作性研究时，对所研究的对象要有明确的目的。其目的是查找危险源，保证系统安全运行，或审查现行的指令、规程是否完善等，防止操作失误。同时，要明确研究对象的边界、研究的深入程度等。

（2）建立研究小组。开展危险性与可操作性研究的小组成员一般由5－7人组成，包括有关各领域专家、对象系统的设计者等，以便发挥和利用集体的智慧和经验。

（3）资料收集。危险性与可操作性研究资料包括各种设计图纸、流程图、工厂平面图、等比例图和装配图，以及操作指令、设备控制顺序图、逻辑图或计算机程序，有时还需要工厂或设备的操作规程和说明书等。

（4）制订研究计划。在广泛收集资料的基础上，组织者要制订研究计划。在对每个生产工艺部分或操作步骤进行分析时，要计划好所花费的时间和研究的内容。

（5）开展研究分析。对生产工艺的每个部分或每个操作步骤进行分析时，应采取多种形式引导和启发各位专家，对可能出现的偏离及其原因、后果和应采取的措施充分发表意见。具体分析流程如图3－5所示。

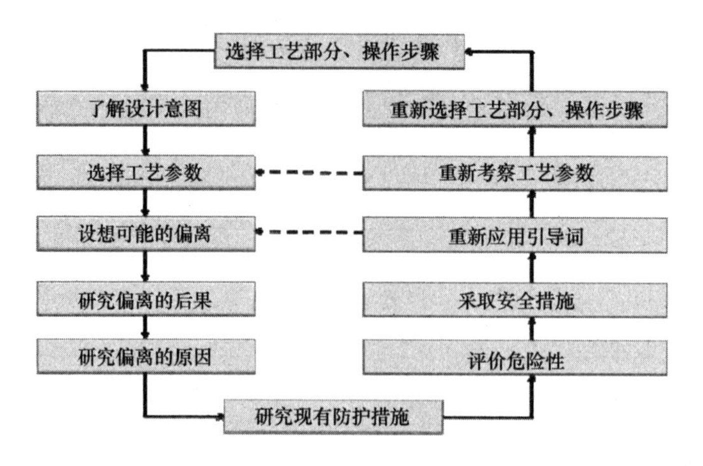

图3-5 HAZOP分析流程

（6）编制研究分析报告。

4. 分析示例

真空罐是真空泵的配套设备，它的功能是气液分离和油料暂存，从而达到引油和抽吸油作用，工艺结构示意如图3-6。应用危险与可操作性研究方法对该设备进行安全评价，分析结果见下表。

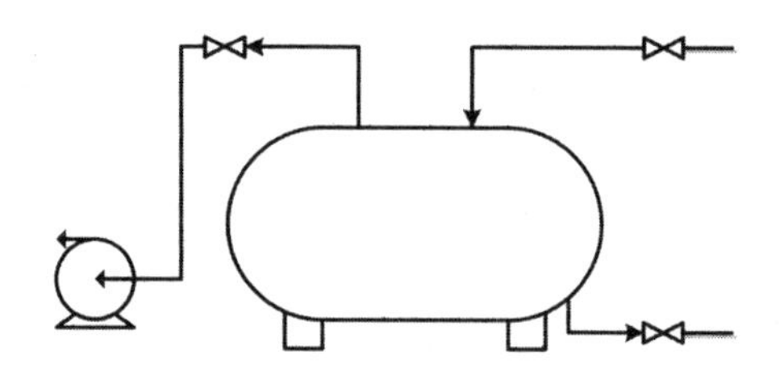

图3-6 真空罐工艺结构

表3-9 真空罐工艺HAZOP分析表

关键词	偏差	可能原因	后果	对策措施
没有或不	流量为零	阀门A或B故障关闭，管道堵塞或破裂	抽吸油料中断，真空罐中无料	认真检查，修理，更换
较大	流量增加	阀门A或B开启过大。管道直径与真空泵能力大小不配套	流速加大、静电积聚，可能引起燃烧爆炸	合理选型，认真调节阀门A和B的开启大小

续表

关键词	偏差	可能原因	后果	对策措施
较小	流量减少	阀门 A 或 B 部分关闭，管道部分堵塞或管道泄漏	工作效率减低延长工作时间	检查输油管线和真空管线调节阀门 A 或 B
也，又	油料质量差	验收不严格		加强质检工作
部分	效率低	阀门 A 或 B 部分关闭，管道部分堵塞或管道泄漏	工作效率减低延长工作时间	检查输油管线和真空管线调节阀门 A 或 B
反向	倒流	不可能		
不同于，非	油料错误	厂商发料错误，验收不严格，责任心不强	混油	加强责任心，认真验收，记录清晰

3.2.5 作业条件危险性评价

1. 概述

对于一个具有潜在危险性的作业条件，格雷厄姆和金尼认为，影响危险性的主要因素有 3 个：

- 发生事故或危险事件的可能性；
- 暴露于这种危险环境的情况；
- 事故一旦发生可能产生的后果。

以上几个因素之间的关系式为：

$$D = L \cdot E \cdot C$$

式中：D—作业条件的危险性；L—事故或危险事件发生的可能性；E—暴露于危险环境的频率；C—发生事故或危险事件的可能结果。

（1）发生事故或危险事件的可能性。

事故或危险事件发生的可能性与其实际发生的概率相关。若用概率来表示时，绝对不可能发生的概率为 0；而必然发生的事件，其概率为 1。但在考察一个系统的危险性时，绝对不可能发生事故是不确切的，即概率为 0 的情况不确切。所以，将实际上不可能发生的情况作为“打分”的参考点，定其分数值为 0.1。

此外，在实际生产条件中，事故或危险事件发生的可能性范围非常广泛，因而人为地将完全出乎意料、极少可能发生的情况规定为 1；能预料将来某个时候会发生事故的分值规定为 10；在这两者之间再根据可能性的大小相应地确定几个中间值，如将“不常见但仍然可能”的分值定为 3，“相当可能发生”的分值规定为 6。

同样，在0.1与1之间也插入了与某种可能性对应的分值。于是，将事故或危险事件发生可能性的分值从实际上不可能的事件为0.1，经过完全意外有极少可能的分值1，确定到完全会被预料到的分值10为止（见表3－10）。

表3－10　事故发生可能性分数L

分数值	事故发生可能性
10	完全会被预料到
6	相当可能
3	不经常，但可能
1	完全意外，极少可能
0.5	可能设想，但高度不可能
0.2	极不可能
0.1	实际上不可能

（2）暴露于危险环境的频率。

作业人员暴露于危险作业条件的次数越多、时间越长，则受到伤害的可能性也就越大。为此，格雷厄姆和金尼规定了连续出现在潜在危险环境的暴露频率分值为10，一年仅出现几次非常稀少的暴露频率分值为1。以10和1为参考点，再在其区间根据在潜在危险作业条件中暴露情况进行划分，并对应地确定其分值。例如，每月暴露一次的分值为2，每周一次或偶然暴露的分值为3。当然，根本不暴露的分值应为0，但这种情况实际上是不存在的，是没有意义的，因此无须列出。关于暴露于潜在危险环境的分值，见表3－11。

表3－11　暴露于危险环境分数E

分数值	暴露于危险环境情况
10	连续暴露于潜在危险环境
6	逐日在工作时间内暴露
3	每周一次或偶然地暴露
2	每月暴露一次
1	每年几次出现在潜在危险环境
0.5	非常罕见地暴露

（3）发生事故或危险事件的可能结果。

造成事故或危险事故的人身伤害或物质损失可在很大范围内变化，以工伤事故而言，可以从轻微伤害到许多人死亡，其范围非常宽广。因此，格雷厄姆和金尼将需要救护的轻微伤害的可能结果，分值规定为1，以此为一个基准点；而将造成许多人死亡的可能结果规定为分值100，作为另一个参考点。在两个参考点1～100之间，插入相应的中间值，列出可能结果的分值（见表3－12）。

表3－12　危险严重度分数C

分数值	可能结果
100	许多人死亡
40	数十人死亡
15	一人死亡
7	严重伤害
3	致残
1	需要治疗

（4）作业条件的危险性。

确定了上述3个具有潜在危险性的作业条件的分值，并按式（1）进行计算，即可得危险性分值。据此，要确定其危险性程度时，则按下述标准进行评定。

由经验可知，危险性分值在20以下的环境属低危险性，一般可被接受，这样的危险性比骑自行车通过拥挤的马路去上班之类的日常生活活动的危险性还要低。当危险性分值在20～70时，则需要加以注意；危险性分值70～160的情况时，则有明显的危险，需要采取措施进行整改；同样，根据经验，当危险性分值在160～320的作业条件属高度危险的作业条件，必须立即采取措施进行整改。危险性分值在320分以上时，则表示该作业条件极其危险，应该立即停止作业直到作业条件得到改善为止，危险性分值详见表3－13。

表3－13　危险性评价标准分数值危险程度D

分数值	危险程度
>320	极其危险，不能继续作业
160～320	高度危险，需要立即整改
70～160	显著危险，需要整改
20～70	比较危险，需要注意
<20	稍有危险，或许可被接受

2. 优缺点及适用范围

作业条件危险性评价法评价人们在某种具有潜在危险的作业环境中进行作业的

危险程度，该法简单易行，危险程度的级别划分比较清楚、醒目。但是，由于它主要是根据经验来确定3个因素的分数值及划定危险程度等级，因此具有一定的局限性。而且它是一种作业条件的局部评价，故不能普遍适用。此外，在具体应用时，还可根据自己的经验、具体情况适当加以修正。

3.2.6 危险度评价法

1. 概述

危险度评价法是借鉴日本劳动省“六阶段”的定量评价表，结合我国国家标准《石油化工企业防火设计规范》（GB 50160—2008）、《压力容器中化学介质毒性危害和爆炸危险程度分类表》（HG 20660—2000）等有关标准、规程，编制了“危险度评价取值表”，规定了危险度由物质、容量、温度、压力和操作等5个项目共同确定，其危险度分别按A=10分，B=5分，C=2分，D=0分赋值计分，由累计分值确定单元危险度。

2. 分析步骤

（1）资料准备，包括各种图纸、有关标准、人员配备等，包括但不限于以下方面：

①地理条件、装置配置图、结构平面、断面、立面图；

②仪表室和配电室平、断、立面图；

③原材料、中间体、产品等物理化学性质及其对人的影响；

④反应过程；制造工程概要；流程图；流程机械表；

⑤配管、仪表系统图；安全设备的种类及设置地点；运转要点；人员配置图；安全教育训练计划；其他有关资料等。

（2）定性评价，根据安全检查表查出设计、操作等方面存在的问题，主要分析以下方面：

设计方面：地理条件，工厂内的布置，建筑物，消防设备等；

运行方面：原材料、中间产品、产品等，生产工艺，输送、储存等，工艺设备。

（3）定量评价，将装置分为几个单元，对各单元的物质、容量、温度、压力和操作等五项进行评定。每一项又分为A、B、C、D四个等级，分别表示10分、5分、2分和0分（见表3－14）。

表 3-14 危险度各项目评分表

项目	分值			
	A（10分）	B（5分）	C（2分）	D（0分）
物质	1. 甲类可燃气体 2. 甲$_A$类物质及液态烃类 3. 甲类固体 4. 极度危害介质	1. 乙类可燃气体 2. 甲$_B$、乙$_A$类可燃液体 3. 乙类固体 4. 高度危害介质	1. 乙$_B$、丙$_A$、丙$_B$类可燃液体 2. 丙类固体 3. 中、轻度危害介质	不属左述之 A、B、C 项之物质
容量	1. 气体 1 000 m^3 以上 2. 液体 100 m^3 以上	1. 气体 500~1 000 m^3 2. 液体 50~100 m^3	1. 气体 100~500 m^3 2. 液体 10~50 m^3	1. 气体 <100 m^3 2. 液体 <10 m^3
温度	1 000℃以上使用，其操作温度在燃点以上	1. 1 000℃以上使用，但操作温度在燃点以下 2. 在 250~1 000℃使用，其操作温度在燃点以上	1. 在 250~1 000℃使用。但操作温度在燃点以下 2. 在低于 250℃时使用，操作温度在燃点以上	在低于 250℃时使用，操作温度在燃点以下
压力	100 MPa	20~100 MPa	1~20 MPa	1 MPa 以下
操作	1. 临界放热和特别剧烈的放热反应操作（卤化、硝化反应） 2. 在爆炸极限范围内或其附近的操作	1. 中等放热反应（如烷基化、酯化、加成、氧化、聚合、缩合等反应）操作 2. 系统进入空气或不纯物质，可能发生的危险、操作 3. 使用粉状或雾状物质，有可能发生粉尘爆炸的操作 4. 单批式操作	1. 轻微放热反应（如加氢、水合、异构化、烷基化、磺化、中和等反应）操作 2. 在精制过程中伴有化学反应 3. 单批式操作。但开始使用机械等手段进行程序操作 4. 有一定危险的操作	无危险的操作

最后按照这些分值之和，来评定该单元的危险度等级（表 3-15）。

表 3-15 评分值及危险度划分

总分值	≥16	11~15	≤10
等级	Ⅰ	Ⅱ	Ⅲ
危险度	高度危险	中度危险	低度危险

（4）安全措施，按照危险程度的等级确定相应的安全措施；

（5）再评价，根据设计内容参照同样设备和装置的事故进行再评价；

（6）对于在第三阶段中危险度定为I级的装置，进行事件树和故障树分析，深入分析危险性。

3.2.7 事件树分析

1. 事件树概述

事件树演化于1965年前后发展起来的决策树。它是一种将系统内各元素按其状态（如成功或失败）进行分支，最后直至系统状态输出为止的水平放置的树状图。事件树分析最初用于可靠性分析，它是以元件可靠性表示系统可靠性的系统分析方法之一，已被用于事故分析。

一起伤亡事故的发生，是许多事件按时间顺序相继出现、发展的结果。其中，一些事件的出现是以另一些事件首先发生为条件的。在事故发展的过程中出现的事件可能有两种情况，即事件出现或不出现；或者事件导致成功或导致失败。这样，每一事件的发展有两条可能途径。究竟事件按哪一条途径发展，具有一定的随机性，但最终总以事故发生或不发生为结果。显然，若能掌握可能导致事故发生的事件环的时序与发展结果，无疑对事故的预测、预防与分析是极为有益的。

按照事故发展顺序，分成阶段，一步一步地进行分析，每一步都从成功和失败两种后果进行考虑（分支），最后直至用水平树状图表示其可能的结果，这样一种分析法就称为事件树分析法（Event Tree Analysis，ETA），该水平树状图也称为事件树图。

应用事件树分析，可以定性地了解整个事故的动态变化过程，又可定量地得出各阶段的概率，最终了解事故各种状态的发生概率。

使用时，可用其作为事前预测事故及不安全因素，预计事故的可能后果。为寻求适当的预防措施提供依据；也可用其作为事故发生后的原因分析，利用这种方法进行对职工的安全教育等。

由于该法实用性强，从而得到较为广泛的应用。目前，在许多国家已形成标准化分析方法。

2. 分析原理

如前所述，事件树分析是从初始事件出发考察由此引起的不同事件，一起事故的发生是许多事件按时间顺序相继出现的结果，一些事件的出现是以另一事件首先发生为条件的。在事故发展过程中出现的事件可能有两种状态：事件出现或不出现（成功或失败）。这样，每一事件的发展有两条可能的途径，而且事件出现或不出现是随机的，其概率是不相等的。如果事故发展过程中包括有 n 个相继发生的事件，则系统一般总计有 2 条可能发展途径，即最终结果有 2n 个。

在相继出现的事件中，后一事件是在前一事件出现的情况下出现的。它与更前面的事件无关。后一事件选择某一种可能发展途径的概率是在前一事件作出某种选择的情况下的条件概率。

为了便于分析，根据逻辑知识，把事件处于正常状态记为成功，其逻辑值为 1，把失效状态记为失败，其逻辑值为 0。

3. 事件树分析步骤

（1）确定初始事件。初始事件的选定是事件树分析的重要一环，它是事件树中在一定条件下造成事故后果的最初原因事件，可以是系统故障、设备失效、人员误操作或工艺过程异常等。一般是选择分析人员最感兴趣的异常事件作为初始事件。在事件树分析的绝大多数应用中，初始事件是预想的。初始事件可按以下方法确定：

①根据系统设计、系统危险性评价、系统运行经验或事故经验等确定；

②根据系统重大故障或事故的原因分析事故树，从其中间事件或初始事件中选择。

（2）找出与初始事件相关的环节事件。所谓环节事件就是出现在初始事件后一系列可能造成事故后果的其他原因事件。

（3）编制事件树。把初始事件放在最左边，各个环节事件按顺序写在右面；从初始事件画一条水平线到第一个环节事件，在水平线末端画垂直线段，垂直线段上端表示成功，下端表示失败；再从垂直线两端分别向右画水平线到下个环节事件，同样用垂直线段表示成功和失败两种状态；依次类推，直到最后一个环节事件为止。如果这个环节事件不需要往下分析，则水平线延伸下去不发生分支，如此便得到事件树。

（4）说明分析结果。在事件树最后面写明由初始事件引起的各种事故结果或后果。为清楚起见，对事件树的初始时间和各环节事件用不同字母加以标记。

（5）定性分析和定量计算。事件树的各分支代表初始事件发生后可能的发展途径。其中，最终导致事故的途径为事故连锁。一般地，导致系统事故的途径有很多，即有许多事故连锁。对事件树进行定性分析可以指导我们如何采取措施预防事故。

事件树定量分析是在事件树定性分析的基础上，根据每一个事件的发生概率，计算各种途径下系统故障或事故发生概率，并比较各个事故发生概率的大小后，作出事故可能性排序，最后确定最容易导致事故发生的途径。一般地，当各事件之间相互统计独立时，其定量分析比较简单。当事件之间相互统计不独立时（如共同原因故障、顺序运行等），则定量分析变得非常复杂。

4. 事件树分析示例

图 3 –7 所示为一物料输送系统，现应用事件树分析法对其进行安全评价。

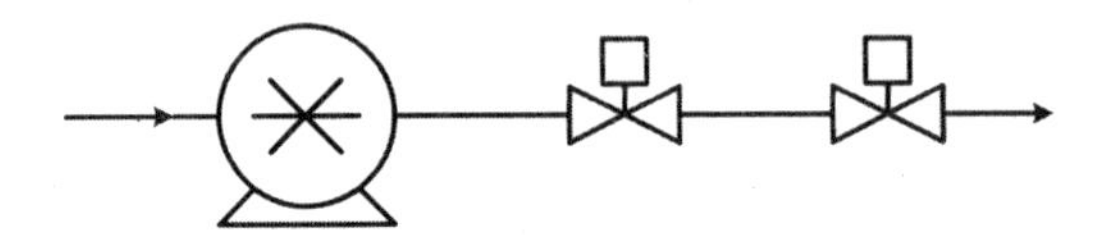

图 3 –7　物料输送系统示意图

首先对物料输送系统进行要素分析。该系统由一台泵和两个阀门组成的串联系统组成，物料沿箭头方向顺序经过泵、阀门 1 和 2。这是一个三因素（元件）串联系统，在这个系统里有 3 个节点，泵、阀门 1 和 2 都有成功或失败两种状态。根据系统实际构成情况，所建造的树的根是初始条件—泵的节点，当泵接受启动信号后，可能有两种状态：泵启动成功或启动失败。从泵的节点处，将成功作为上分支，失败作为下分支，画出两个树枝。同时，阀门 1 也有两种状态，成功或失败，将阀门 1 的节点分别画在泵的成功状态与失败状态分支上，再从阀门 1 的两个节点分别画出两个分支，上分支表示阀门 1 成功，下分支表示失败。同样阀门 2 也有两种状态，将阀门 2 的节点分别画在阀门 1 的 4 个分支上，再从其节点上分别画出两个分支，上分支表示成功，下分支表示失败，这样就建造成了这个物料输送系统的事件树（图 3 – 8）。

从上图可看出，这个系统共有 $2^3=8$ 个可能发展的途径，即 8 种结果，只有三因素均处于成功状态（111）时，系统才能正常运行，而其他 7 种状态均为系统失败状态。

从原则上讲，一个因素有两种状态，若系统中有 n 个因素，则有 2n 个可能结果。一个系统中包含因素较多，不仅事件树中分支很多，而且有些分支并没有发展到最后的功能时，事件的发展已经结束，因此，事件树可以简化，其简化原则有：

（1）失败概率极低的系统可以不列入事件树中；

（2）当系统已经失败，从物理效果来看，在其后继的各系统有可能减缓后果

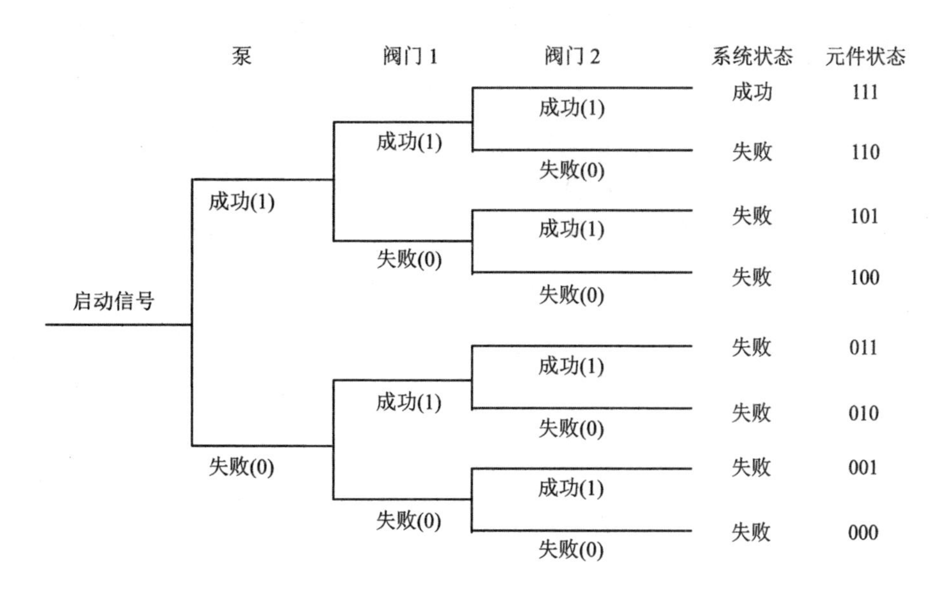

图 3－8　物料输送系统事件树

时，或后继系统已由于前置系统的失败而同时失败，则以后的系统就不必再分支。

以上示例，泵失败时其后继因素阀门的成功对系统已无实际意义，所以可以省略。简化的事件树如图 3－9。

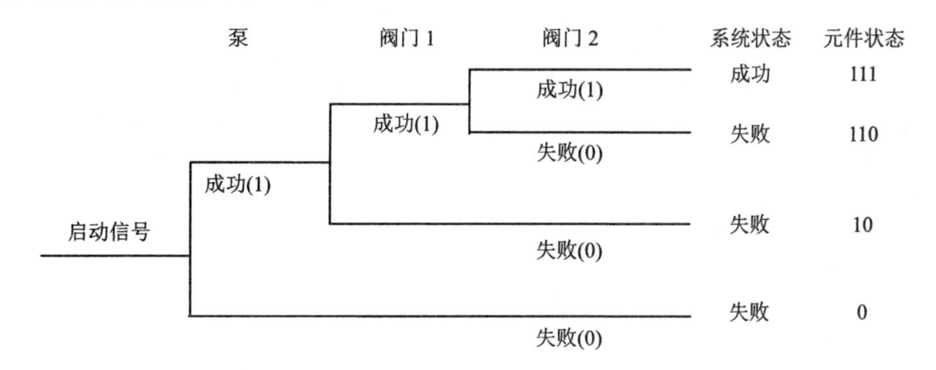

图 3－9　物料输送系统简化事件树

事件树分析的定量计算就是计算每个分支发生的概率。为了计算这些分支的概率，首先必须确定每个因素的概率。如果各个因素的可靠度已知，根据事件树就可求得系统的可靠度。上述串联系统中，若泵和阀门 1，2 正常（成功）的概率分别为 P（A），P（B），P（C），则系统的概率 P（S）为泵和阀门 1、2 均处于成功状态时，3 个因素的积事件概率，即

$$P(S) = P(A) \cdot P(B) \cdot P(C)$$

系统的失败概率，即不可靠度F（S）为

$$F(S)=1-P(S)$$

若已知P（A）=0.95，P（B）=0.9，P（C）=0.9，代入上式得成功概率为

$$P(S)=0.95\times0.9\times0.9=0.7695$$

失败（故障）概率为

$$F(S)=1-0.7695=0.2305$$

5. 事件树分析的优点及注意问题

（1）事件树分析的优点有以下几个方面：

①简单易懂，启发性强，能够指出如何不发生事故，便于安全教育。

②容易找出由不安全因素造成的后果，能直观指出消除事故的根本点，方便预防措施的制定。

③既可定性分析，也可以定量分析。

（2）事件树分析应注意的问题有以下几点：

①对于某些含有两种以上状态的环节的系统，应尽量归纳为两种状态，以符合事件树分析的规律。

②有时为了详细分析事故的规律和分析的方便，可以将两态事件变为多态事件。因为多态事件状态之间仍是互相排斥的，所以，可以把事件树的两分支变为多分支，而不改变事件树的分析结果。

③逻辑首尾要一贯、无矛盾，有根据。

3.3 定量安全评价

3.3.1 事故树分析

1. 概述

事故树（Fault Tree，FT）也称故障树，是一种描述事故因果关系的有方向的“树”。事故树分析法起源于故障树分析（FTA），是安全评价的重要分析方法之一。它能对各种系统的危险性进行辨识和评价，不仅能分析出事故的直接原因，而且能深入地揭示出事故的潜在原因。用它描述事故的因果关系直观、明了，思路清晰，逻辑性强，既可定性分析，又可定量分析。

20世纪60年代初期，很多高新产品在研制过程中，因对系统的可靠性、安全

性研究不够，新产品在没有确保安全的情况下就投入市场，造成大量使用事故的发生，用户纷纷要求厂家进行经济赔偿，从而迫使企业寻找一种科学方法以确保安全。

事故树分析首先由美国贝尔电话研究所于1961年为研究民兵式导弹发射控制系统时提出，1974年美国原子能委员会运用此方法对核电站事故进行了风险评价，发表了著名的《拉姆逊报告》。该报告对事故树分析做了大规模有效的应用。此后，在社会各界引起了极大的反响，受到了广泛的重视，从而迅速在许多国家和许多企业应用和推广。我国开展事故树分析方法的研究是从1978年开始的。目前已有很多部门和企业正在进行普及和推广工作，并已取得一大批成果，促进了企业的安全生产。20世纪80年代末，铁路运输系统开始把事故树分析方法应用到安全生产和劳动保护上来，也已取得了较好的效果。

2. 事故树符号及其意义

事故树由各种符号和其连接的逻辑门组成。最简单、最基本的符号包括事件符号、逻辑门符号和转移符号（见表3－16）。

表3－16　常用事故树符号及其意义

种类	符号	名称	意义
事件符号		顶上事件 中间事件	表示由许多其他事件相互作用而引起的事件。这些事件都可进一步往下分析，处于事故树顶端或中间
		基本事件	事故树最基本的原因事件，不能继续往下分析，处于事故树底端
		省略事件	由于缺乏资料不能进一步展开或不愿继续分析而有意省略的事件
		正常事件	正常情况下应该发生的事件，位于事故树的底部
逻辑门符号	A · B_1 B_2	与门	表示输入事件（B_1和B_2）都发生，输出事件A才发生
	A + B_1 B_2	或门	表示输入事件（B_1和B_2）只要有一个发生，就会引起输出事件A发生

续表

种类	符号	名称	意义
逻辑门符号	A B_1 B_2 a	条件与门	表示输入事件（B_1 和 B_2）都发生还必须满足条件 a，输出事件 A 才能发生
	A B_1 B_2 a	条件或门	表示任何一个输入事件（B_1 和 B_2）发生同时满足条件 a，就会引起输出事件 A 发生
	A B a	限制门	输入事件 B 发生同时条件 a 也发生，输出事件 A 就会发生
转移符号		转入符号	表示此处与有相同字母或数字的转出符号相连接
		转出符号	表示此处和有相同字母或数字的转入符号相连接

3. 布尔代数与主要运算法则

在故障树分析中常用逻辑运算符号（·）、（+）将各个事件连接起来，这种连接式称为布尔代数表达式。在求最小割集时，要用布尔代数运算法则，化简代数式。这些法则如下所述。

- 交换律

$$A \cdot B = B \cdot A$$

$$A + B = B + A$$

- 结合律

$$A + (B + C) = (A + B) + C$$

$$A \cdot (B \cdot C) = (A \cdot B) \cdot C$$

- 分配律

$$A \cdot (B+C) = A \cdot B + A \cdot C$$

$$A + (B \cdot C) = (A+B) \cdot (A+C)$$

◆ 吸收律

$$A \cdot (A+B) = A$$

$$A + A \cdot B = A$$

◆ 互补律

$$A + A' = \Omega$$

$$A \cdot A' = 0$$

◆ 幂等律

$$A \cdot A = A$$

◆ 狄摩根定律

$$(A+B)' = A' \cdot B'$$

$$(A \cdot B)' = A' + B'$$

◆ 对合律

$$(A')' = A$$

◆ 重叠律

$$A + A' \cdot B = A + B = B + B' \cdot A$$

4. 事故树的数学表达式

为了进行事故树定性、定量分析，需要建立数学模型，写出它的数学表达式。例如，图3－10所示为未经化简的事故树。

结构函数表达式为：

$T = A_1 + A_2$

$= A_1 + B_1B_2B_3$

$= X_1X_2 + (X_3 + X_4)(X_3 + X_5)(X_4 + X_5)$

$= X_1X_2 + X_3X_3X_4 + X_3X_4X_4 + X_3X_4X_5 + X_4X_4X_5 + X_4X_5X_5 + X_3X_3X_5 + X_3X_3X_5 + X_3X_4X_5$

5. 最小割集及其计算

在事故树中，如果所有的基本事件都发生则顶上事件必然发生。但是在多数情况下并非如此，往往是只要某个或几个事件发生顶上事件就能发生。凡是能导致顶上事件发生的基本事件的集合称为割集。割集也就是系统发生故障的模式。在一个

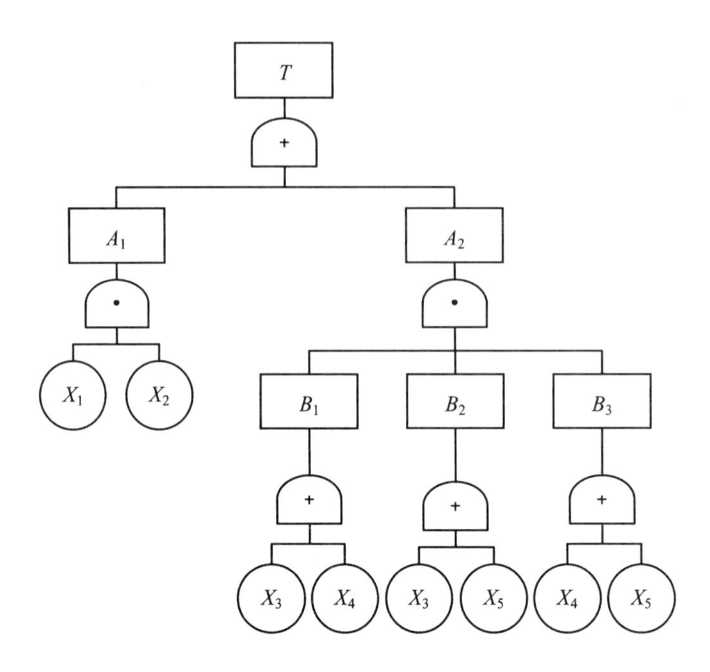

图 3－10　未简化的事故树

事故树中，割集数目可能有很多，而在内容上可能有相互包含和重复的情况，甚至有多余的事件出现，必须把它们除去。除去这些事件的割集叫最小割集。也就是说，凡是能导致顶上事件发生的最低限度的基本事件的集合称为最小割集。换言之，如果割集中任一基本事件不发生，顶上事件就绝不发生。一般割集不具备这个性质。例如本事故树中｛X1，X2｝是最小割集，｛X3，X4，X5｝是割集，但不是最小割集。在最小割集里，任意去掉一个基本事件就不能称其为割集。在事故树中，有一个最小割集，顶上事件发生的可能性就有一种。事故树中最小割集越多，顶上事件发生的可能性就越大，系统就越危险。

最小割集的计算可采用布尔代数法对事故树表达式进行化简，如将上式化简可得

$$T = X_1X_2 + X_3X_3X_4 + X_3X_4X_4 + X_3X_4X_5 + X_4X_4X_5 + X_4X_5X_5 + X_3X_3X_5 + X_3X_3X_5 + X_3X_4X_5$$

$$= X_1X_2 + X_3X_4 + X_3X_4X_5 + X_4X_5 + X_3X_5 + X_3X_4X_5$$

$$= X_1X_2 + X_3X_4 + X_4X_5 + X_3X_5$$

也可采用行列法进行计算，其原理是：从顶上事件开始，按逻辑门顺序用下面的输入事件代替上面的输出事件，逐层代替，直到所有的基本事件都替代完为止。在代替过程中，“或门”连接的输入事件纵向列出，“与门”连接的输入事件横向列

出。这样会得到若干基本事件的交集，再用布尔代数法化简，就得到最小割集。目前，国内已经开发出许多用计算机求最小割集的程序，在此就不一一叙述。

表示由上可知，最小割集表示了系统的危险性，每个最小割集都是顶上事件发生的一种可能渠道。最小割集的数目越多，越危险。最小割集具有以下功用：

（1）表示顶上事件发生的原因，事故发生必然是某个最小割集中几个事件同时存在的结果。求出事故树全部最小割集，就可掌握事故发生的各种可能，掌握事故的规律，查明事故的原因大有帮助。

（2）一个最小割集代表一种事故模式。根据最小割集，可以发现系统中最薄弱的环节，直观判断出哪种模式最危险，哪些次之，以及如何采取预防措施。

（3）可以用最小割集判断基本事件的结构重要度，计算顶上事件概率。

6. 最小径集及其计算

在事故树中，有一组基本事件不发生，顶上事件就不发生，这组基本事件的集合叫径集。径集表示系统不发生故障而正常工作运行的模式。同样在径集中也存在相互包含和重复事件的情况，去掉这些事件的径集叫最小径集。也就是说，凡是不能导致顶上事件发生的最低限度的基本事件的集合称为最小径集。在最小径集中，任意去掉一个事件也不称其为径集。事故树有一个最小径集，顶上事件不发生的可能性就有一种。最小径集越多，顶上事件不发生的途径就越多，系统就越安全。

最小径集的计算是利用最小割集和最小径集的对偶性，首先画事故树的对偶树，即成功树。计算成功树的最小割集，就是原事故树的最小径集。成功树的画法是将事故树的“与门”全部换成“或门”，“或门”全部换成“与门”，并把全部事件的发生变成不发生，就是在所有事件上都加“′”，使之变成原事件补的形式。经过这样变换后得到的树形就是原事故树的成功树。这种做法的原理是根据布尔代数的狄摩根定律。“条件与门”、“条件或门”、“限制门”的变换方式同上，变换时，把条件作为基本事件处理。

最小径集表示系统的安全性，每个最小径集都是顶上事件不发生的一种可能渠道。最小径集的数目越多，越安全。因此，最小径集具有以下功用：

（1）表示顶上事件不发生的原因，事故不发生必然是某个最小径集中几个事件同时存在的结果。求出事故树全部最小径集，就可掌握事故不发生的各种途径，对掌握事故的规律，防止事故发生大有帮助。

（2）一个最小径集代表系统不发生故障而正常工作运行的模式。利用最小径集可以经济地、有效地选择采用预防事故的方案。

（3）利用最小径集可以判断基本事件的结构重要度，计算顶上事件概率。

（4）利用最小径集可以对系统进行定量分析和评价。

7. 事故树定性分析

完整的故障树显示出故障如何导致事故的发生，然而，即使经验丰富的评价人员也不能从故障树中直接找出导致故障的所有原因；因此如何从故障树求取故障组合，最小割集就是其中的一种方法（这步也称为“求解故障树”），最小割集是导致故障树顶上事件发生的所有故障的组合，它们逻辑上等效故障树。最小割集可作为事故可能发生的方法排列出来，如果有可用的数据，它们可以对故障树进行定量分析。方法有手工或计算机程序来求解故障树的最小割集。大型的故障树需要使用计算机程序去确定最小割集。这里介绍的方法可让分析人员求解在实践运用中的许多简单的故障树。

故障树求解方法有以下 4 步：

（1）逐个标识所有门和基本事件；

（2）将所有门解析成基本事件集合；

（3）剔除各集合中的重复事件；

（4）删掉所有的多余集合（已包含在其他集合之中的集合）。

找到了这一顶上事件的最小割集，分析人员就可以通过评价构成割集的故障破坏，来确定该系统的薄弱环节。

8. 事故树定量分析

故障树定量分析的目的在于计算顶上事件的发生概率，以它来评价系统的安全可靠性（将计算顶上事件发生的概率与预定目标值进行比较，如果超出目标值，就应采取必要的系统改进措施，使其降至目标值以下）。

（1）基本事件发生概率计算。基本事件主要有设备故障和人的操作失误两种，即要了解机械设备的元件故障率、平均故障间隔期、可修复性以及人的失误受心理、生理状况和作业环境等因素的影响。

（2）顶上事件概率计算。根据事故树的结构函数和各基本事件的发生概率可求得顶上事件发生概率。对于简单事故树可以采用直接分步算法，即从底部的门事件算起，逐步向上推移计算到顶上事件；对于较为复杂的事故树，则需要借助顶上事件与最小割集的关系来进行计算，对事故树进行简化后，顶上事件发生概率即等于各最小割集的概率和。

（3）重要度分析。各基本事件重要度系数反映了其对于顶上事件的影响程度，包括结构重要度、概率重要度和临界重要度。结构重要度是从故障树结构上分析，假定各基本事件发生概率相等，分析各基本事件对顶上事件发生的影响程度；若进一步考虑基本事件发生概率的变化对顶上事件发生概率的影响大小，就要分析基本事件的概率重要度；临界重要度系数则是从敏感度和概率双重角度衡量各基本事件的重要度标准。

3.3.2 道化学火灾、爆炸危险指数评价法

1. 概述

1964 年，美国道化学公司提出了以物质指数为基础的安全评价方法。1966 年，进一步提出了火灾、爆炸指数的概念，表示火灾、爆炸的危险程度。1972 年，提出了以物质的闪点（或沸点）为基础，代表物质潜在能量的物质系数，结合物质的特定危险值、工艺过程及特殊工艺的危险值，计算出系统的火灾、爆炸指数，以评价该系统火灾、爆炸危险程度的方法（即第 3 版）。以第 3 版为蓝本，1976 年日本劳动省公布了“化学联合企业安全评价”六阶段评价法，以及匹田法等。1979 年，英国帝国化学工业公司蒙德部结合道化法第 3 版并加以扩充，提出了蒙德火灾、爆炸、毒性指标评价法。道化学公司在引入毒性指标、改进物质系数确定方法、提出计算火灾爆炸最大可能损失（MPPD）的方法后，于 1976 年发表了第 4 版评价法。1980 年，提出用最大可能停工日数（MPDO）计算经营损失（BI），发表了第 5 版。1987 年，在调整了物质系数，增加了毒性补偿内容，简化了附加系数和补偿系数的计算方法后，发表了第 6 版。在对第 6 版进行了修改并给出了美国消防协会（NFPA）的最新物质系数后，于 1993 年推出了最新的第 7 版。

该方法以已往的事故统计资料及物质的潜在能量和现行安全措施为依据，定量地对工艺装置及所含物料的实际潜在火灾、爆炸和反应危险性进行分析评价，是一种比较新、成熟、可靠的方法，并且由于其方法独特、有效、容易掌握，受到了世界各国的重视，为化工企业的生产、贮存、运输等方面的安全问题的解决提供了一个十分有效的方法，它能够量化潜在火灾、爆炸和反应性事故的预期损失，可以确定可能引起事故发生或使事故扩大的装置，据此向有关部门通报潜在的火灾、爆炸危险性，进而使有关人员及工程技术人员了解各工艺系统可能造成的损失，以此确定减轻事故严重性和总损失的有效、经济的途径。

2. 评价步骤

使用道化学火灾、爆炸危险指数评价法，可按图 3－11 所示程序进行。

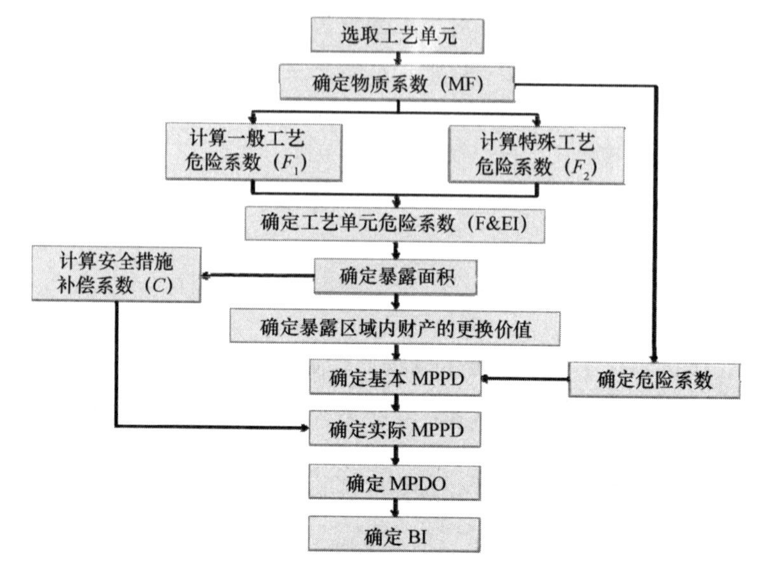

图 3－11　道化学火灾、爆炸危险指数评价法计算程序

3. 选取工艺单元

在计算火灾、爆炸危险指数时，只评价从预防损失角度考虑对工艺有影响的工艺单元，包括化学工艺、机械加工、仓库、包装线等在内的整个生产设施。在选取工艺单元时，需要考虑以下重要参数：①潜在化学能（物质系数）；②工艺单元中危险物质的数量；③资金密度；④操作压力和操作温度；⑤导致火灾、爆炸事故的历史资料；⑥对装置起关键作用的单元。

4. 确定物质系数

物质系数（MF）是表述物质在燃烧或其他化学反应引起的火灾、爆炸时释放能量大小的内在特性，是一个最基础的数值。要研究工艺单元中所有操作环节，以确定最危险状况（在开车、操作、停车过程中最危险物质的泄漏及运行中的工艺设备）中最危险的物质。

物质系数是由美国消防协会规定的 NF，NR（分别代表物质的燃烧性和化学活性）所决定的。

5. 计算工艺单元危险系数

工艺单元危险系数的计算式为：

工艺单元危险系数（F_3） = 一般工艺危险系数（F_1） × 特殊工艺危险系数（F_2）

F_1、F_2 各系数选取参见表 3－18、3－19。F_3 的取值范围为 1～8，若 F3 >8 则按 8 计。

表 3－18　一般工艺危险系数取值表

一般工艺危险	危险系数范围	采用危险系数
基本系数	1.00	1.00
放热化学反应	0.3～1.25	
吸热反应	0.20～0.40	
物料处理与输送	0.25～1.05	
密闭式或室内工艺单元	0.25～0.90	
通道	0.20～0.35	
排放和泄漏控制	0.25～0.50	
一般工艺危险系数（F_1）		

表 3－19　特殊工艺危险系数取值表

特殊工艺危险	危险系数范围	采用危险系数
基本系数	1.00	1.00
毒性物质	0.2～0.80	
负压（ <500 mmHg，66.66 kPa）	0.50	
易燃范围及接近易燃范围的操作		
◆ 罐装易燃液体	0.50	
◆ 过程失常或吹扫故障	0.30	
◆ 一直在燃烧范围内	0.80	
粉尘爆炸	0.25～2.00	
压力：操作压力（绝对压力）（kPa） 释放压力（绝对压力）（kPa）		
低温	0.20～0.30	

续表

特殊工艺危险	危险系数范围	采用危险系数
易燃及不稳定物质量（kg） 物质燃烧热 Hc（J/kg） ◆ 工艺中的液体及气体 ◆ 贮存中的液体及气体 ◆ 贮存中的可燃固体及工艺中的粉尘		
腐蚀及磨蚀	0.10～0.75	
泄漏（接头和填料）	0.10～1.50	
使用明火设备		
热油热交换系数	0.15 ～1.15	
转动设备	0.50	
特殊工艺危险系数（F_2）		

6. 计算火灾、爆炸危险指数

火灾、爆炸危险指数（F&EI）＝单元危险系数（F_3）×物质系数（MF）

计算 F&EI 时，一次只分析、评价一种危险，使分析结果与特定的最危险状况（如开车、正常操作、停车）相对应。

F&EI 值与危险程度的关系，见表 3－20。

表 3－20　F&EI 值与危险程度的关系

火灾、爆炸危险指数 *F&EI*	危险等级
1～60	最轻
61～96	较轻
97～127	中等
128～158	很大
＞159	非常大

7. 计算安全措施补偿系数

选择的安全措施应能切实地减少或控制评价单元的危险，提高安全可靠性，最终结果是确定损失减少的金额或使最大可能财产损失降到更为实际的程度。安全措施分工艺控制、物质隔离、防火措施 3 类，其补偿系数分别为 C_1，C_2，C_3（见表 3－21）。

表3-21 补偿系数取值表

补偿系数类别	项目	补偿系数范围	采用补偿系数
工艺控制安全补偿系数（C_1）	应急电源	0.98	
	冷却装置	0.97~0.99	
	抑爆装置	0.84~0.98	
	紧急停车装置	0.96~0.99	
	计算机控制	0.93~0.99	
	惰性气体保护	0.94~0.96	
	操作规程（程序）	0.91~0.99	
	化学活性物质检查	0.91~0.98	
	其他工艺危险分析	0.91~0.98	
物质隔离安全补偿系数（C_2）	遥控阀	0.96~0.98	
	卸料（排空）装置	0.96~0.98	
	排放装置	0.91~0.97	
	联锁装置	0.98	
防火设施安全补偿系数（C3）	泄漏检测装置	0.94~0.98	
	结构钢	0.95~0.98	
	消防水供应系统	0.94~0.97	
	特殊系统	0.91	
	喷洒系统	0.74~0.97	
	水幕	0.97~0.98	
	泡沫灭火装置	0.92~0.97	
	手提式灭火器材（喷水枪）	0.93~0.98	
	电缆防护	0.94~0.98	

8. 计算暴露半径和暴露区域面积

（1）暴露半径。暴露半径表明了生产单元危险区域的平面分布，它是一个以工艺设备的关键部位为中心，以暴露半径为半径的圆。若被评价的对象是一个小设备，则以该设备的中心为圆心并以暴露半径画圆；若设备较大，则应从设备表面向外量取暴露半径。事实上，暴露区域的中心常常是泄漏点，经常发生泄漏的点是排气口、膨胀节和连接处等部位，它们均可作为暴露区域的圆心。

暴露半径用 F&EI×0.84 而求得，单位为 m。

（2）暴露区域面积。暴露区域面积 $S=\pi R^2$（R 为暴露半径），实际暴露区域面

积 = 暴露区域面积 + 评价单元面积。

9. 确定暴露区域财产价值

暴露区域内财产价值可由区域内含有的财产（包括在存物料）的更换价值来确定：

更换价值 = 原来成本 ×0.82 × 增长系数

其中 0.82 是考虑了场地平整、道路、地下管线、地基等在事故发生时不会遭到损失或无须更换的系数。增长系数由工程预算专家确定。

更换价值可按以下几种方法计算：

（1）采用暴露区域内设备的更换价值。

（2）用现行的工程成本来估算暴露区域内所有财产的更换价值（地基和其他一些不会遭受损失的项目除外）。

（3）从整个装置的更换价值推算每平方米的设备费，再乘暴露区域的面积，即为更换价值。

10. 确定破坏系数

破坏系数由单元危险系数（F_3）和物质系数 MF 确定。它表示单元中的物料或反应能量释放所引起的火灾、爆炸事故的综合效应。可由单元物质系数（MF）和危险系数曲线的交点求出。

11. 计算基本最大可能财产损失

基本最大可能财产损失的计算式为

基本最大可能财产损失（Base MPPD） = 暴露区域面积 × 暴露区域财产价值

它是假定没有任何一种安全措施来降低损失的。

12. 实际最大可能财产损失

实际最大可能财产损失计算式为

实际最大可能财产损失（Actual MPPD） = 基本最大可能财产损失 × 安全措施补偿系数

它表示在采取适当的防护措施后，事故造成的财产损失。

13. 最大可能工作日损失

估算最大可能工作日损失（MPDO）是评价停产损失（BI）的必经步骤，根据物料储量和产品需求的不同状况停产损失往往等于或超过财产损失。

3.3.3 蒙德火灾、爆炸、毒性危险指数评价法

1. 概述

道化学火灾、爆炸危险指数评价法是以物质系数为基础，并对特殊物质、一般工艺及特殊工艺的危险性进行修正求出火灾、爆炸的危险指数，再根据指数大小分为4个等级，按等级要求采取相应对策的一种评价法，1974年英国帝国公司蒙德部在现有装置及计划建设装置的危险性研究中，认为道化学公司方法在工程设计的初级阶段，对装置潜在的危险性评价是相当有意义的。但是，在经过几次试验后，验证了用该方法评价新设计项目的潜在危险性时，有必要在几方面作重要的改进和补充。与道化法相比，蒙德法主要扩充如下：

（1）引进了毒性的概念，将道化学公司的“火灾、爆炸指数”扩展到包括物质毒性在内的“火灾、爆炸、毒性指标”的初期评价，使表示装置潜在危险性的初期评价更加切合实际。

（2）发展了某些补偿系数（补偿系数小于1），进行装置现实危险性水平再评价，即进行采取安全对策措施加以补偿后的最终评价，从而使评价较为恰当，也使预测定量化更具有实用意义。

2. 评价步骤

蒙德火灾、爆炸、毒性危险指数评价方法计算程序如下图所示。

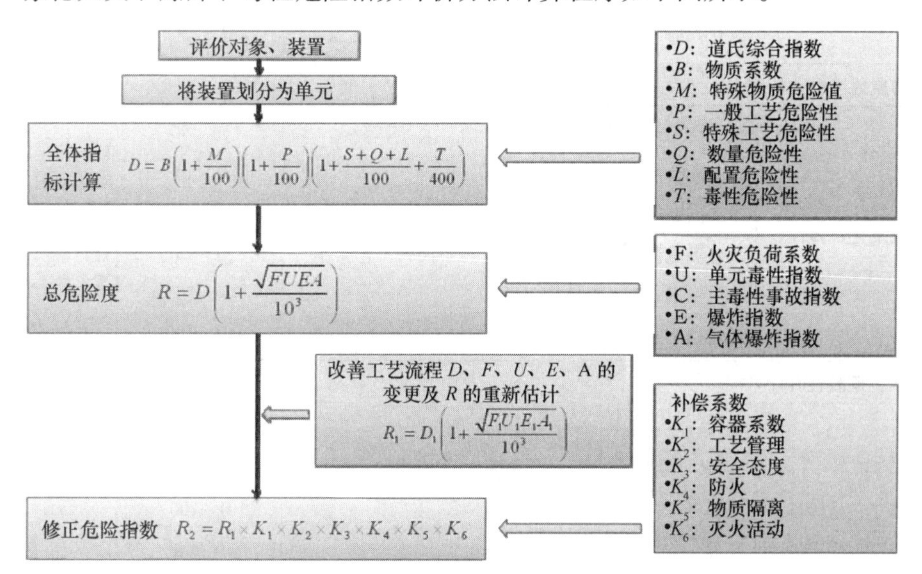

图3-12 蒙德火灾、爆炸、毒性指数评价法计算程序

3. 初期危险度评价

初期危险度评价是考虑任何安全措施，评价单元潜在危险性的大小。评价的项目包括：确定物质系数 B、特殊物质危险性 M、一般工艺危险性 P、特殊工艺危险性 S、量的危险性 Q、配置危险性 L、毒性危险性 T。在每个项目中又包括一些要考虑的要素（见下表）。将各项危险系数汇总入表，计算出各项的合计，得到下列几项初期评价结果。

表 3－22　初期危险度评价各项危险系数取值表

指标项	指标内容	建议系数	采用系数
物质系数	燃烧热 ΔH_c（kJ/kg）		
	物质系数 B（$B=\Delta H_c\times1.8/100$）		
特殊物质危险性	氧化剂	0～20	
	与水反应产生可燃性气体物质	0～30	
	混合及扩散特性	－60～60	
	自燃发热性物质	30～250	
	自燃聚合性物质	25～75	
	着火灵敏度	－75～150	
	发生爆炸分解的物质	125	
	气体爆轰性物质	150	
	具有凝缩相爆炸性的物质	200～1 500	
	具有其他异常性质的物质	0～150	
特殊物质危险性合计 M＝			
一般工艺危险性	仅是使用及单纯物理变化	10～50	
	单一连续反应	0～50	
	单一间歇反应	10～60	
	反应多重性或在同一装置里进行不同的工艺操作	0～75	
	物质输送	0～75	
	可搬动的容器	10～100	
一般工艺危险性合计 P＝			
特殊工艺危险性	低压（＜103kPa 绝对压力）	0～100	
	高压	0～150	
	低温	0～100	
	高温	0～40	
	腐蚀与侵蚀	0～150	

续表

指标项	指标内容	建议系数	采用系数
	接头与垫圈泄漏	0～60	
	振动负荷、循环等	0～50	
	难控制的工程或反应	20～300	
	在燃烧范围或其附近条件下操作	0～150	
特殊工艺危险性合计 S =			
量的危险性	物质合计/m^3		
	密度/（kg·m^3）		
	量系数	1～1000	
量的危险性合计 Q =			
配置危险性	单元详细配置		
	高度 H/m		
	通常作业区域/m^2		
	构造设计	0～200	
	多米诺效应	0～250	
	地下	0～150	
	地面排水沟	0～100	
	其他	0～250	
配置危险性合计 L =			
毒性危险性	TLV 值物质类型 短期暴露危险性 皮肤吸收 物理性因素	0～300 25～200 -100～150 0～300 0～50	
毒性危险性合计 T =			

（1）道氏综合指数。

D 值用来表示火灾、爆炸潜在危险性的大小，D 按下式计算：

$$D = B \cdot \left(1 + \frac{M}{100}\right) \cdot \left(1 + \frac{P}{100}\right) \cdot \left(1 + \frac{S + Q + L}{100} + \frac{T}{400}\right)$$

根据计算结果，将道氏综合指数 D 划分为 9 个等级，见表 3-23。

表 3－23　道氏综合指数分级

D 的范围	等级	D 的范围	等级	D 的范围	等级
0～20	缓和的	60～75	稍重的	115～150	非常极端的
20～40	轻度的	75～90	重的	150～200	潜在灾难性的
40～60	中等的	90～115	极端的	200 以上	高度灾难性的

（2）火灾负荷系数 F。

F 称为火灾负荷系数，表示火灾的潜在危险性，是单位面积内的燃烧热值。根据其值的大小可以预测发生火灾时火灾的持续时间。发生火灾时，单元内全部可燃物料燃烧是罕见的，考虑有 10% 的物料燃烧是比较接近实际的。火灾负荷系数 F 用下式计算：

$$F = \frac{B \times K}{N} \times 20500 (\mathrm{Btu/ft^2})$$

式中：K—单元中可燃物料的总量，t；N—单元的通常作业区域，m^2。

根据计算结果，将火灾负荷系数 F 分为 8 个等级，见表 3－24。

表 3－24　火灾负荷系数 F 分级

F（$\mathrm{Btu/ft^2}$）	等级	预计火灾持续时间/h	备注
$0 \sim 5 \times 10^4$	轻	1/4～1/2	
$5 \times 10^4 \sim 1 \times 10^5$	低	1/2～1	
$1 \times 10^5 \sim 2 \times 10^5$	中等	1～2	住宅
$2 \times 10^5 \sim 4 \times 10^5$	高	2～4	工厂
$4 \times 10^5 \sim 1 \times 10^6$	非常高	4～10	工厂
$1 \times 10^6 \sim 2 \times 10^6$	强	10～20	对使用建筑物最大
$2 \times 10^6 \sim 5 \times 10^6$	极端	20～50	橡胶仓库
$5 \times 10^6 \sim 1 \times 10^7$	非常极端	50～100	

注：$1\mathrm{Btu/ft^2} = 11.356\ \mathrm{kJ/m^2}$。

（3）装置内部爆炸指标 E。

装置内部爆炸的危险性与装置内物料的危险性和工艺条件有关，故指标 E 的计算式为：

$$E = 1 + \frac{M + P + S}{100}$$

根据计算结果，将装置内部爆炸危险性分成 5 个等级，见表 3－25。

表 3-25　装置内部爆炸指标 E 分级

E	等级	E	等级
0~1	轻微	4~6	高
1~2.5	低	>6	非常高
2.5~4	中等		

（4）环境气体爆炸指标 A。

环境气体爆炸指标 A 的计算式为：

$$A = B\left(1 + \frac{m}{100}\right)QHE\frac{t}{100}\left(1 + \frac{P}{1000}\right)$$

式中：m—物质的混合与扩散特性系数；H—单元高度；t—工程温度（绝对温度），K。

将计算结果按表 3-26 分级。

表 3-26　环境气体爆炸指标 A 分级

A	等级	A	等级
0~10	轻	100~500	高
10~30	低	>500	非常高
30~100	中等		

（5）单元毒性指标 U。

单元毒性指标 U 按下式计算：

$$U = \frac{TE}{100}$$

将计算结果按表 3-27 分级。

表 3-27　单元毒性指标 U 分级

U	等级	U	等级
0~1	轻	6~10	高
1~3	低	>10	非常高
3~5	中等		

（6）主毒性事故指标 C。

主毒性事故指标按下式计算：

$$C = Q \times U$$

将计算结果按表3-28分级。

表3-28 主毒性事故指标C分级

C	等级	C	等级
0~20	轻	200~500	高
20~50	低	>500	非常高
50~200	中等		

(7) 综合危险性评分R。

综合危险性评分是以道氏综合指数D为主，并考虑火灾负荷系数F、单元毒性指标U、装置内部爆炸指标E和环境气体爆炸指标A的强烈影响而提出的，其计算式如下：

$$R = D\left(1 + \frac{\sqrt{FUEA}}{1000}\right)$$

式中，F、U、E、A最小值为1。

将计算结果按表3-29分成8个等级。

表3-29 综合危险性评分R分级

R	等级	R	等级
0~20	缓和	1 100~2 500	高（Ⅱ类）
20~100	低	2 500~12 500	非常高
100~500	中等	12 500~65 000	极端
500~1 100	高（Ⅰ类）	>65 000	非常极端

可以接受的危险度很难有一个统一的标准，往往与所使用的物质类型（如毒性、腐蚀性等）和工厂周边的环境（如距居民区、学校、医院的距离等）有关。通常情况下，总危险性评分R在100以下是能够接受的，而R值在100~1 100之间视为可以有条件地接受。对于R值在1 100以上的单元，必须考虑采取安全对策措施，并进一步做安全对策措施的补偿计算。

4. 最终危险度评价

危险度评价主要是了解单元潜在危险的程度。评价单元潜在的危险性一般都比较高，因此需要采取安全措施，降低危险性，使之达到人们可以接受的水平。蒙德法将实际生产过程中采取的安全措施分为两个方面：一方面是降低事故发生的频率，即预防事故的发生；另一方面是减小事故的规模，即事故发生后，将其影响控制在最小程度。降低事故频率的安全措施包括容器、管理、安全态度三类；减小事故规模的安全措施包括防火、物质隔离、消防活动三类。这三类安全措施每类又包括多项安全措施，每项安全措施根据其在降低危险的过程中所起的作用给予一个小于1的补偿系数。各类安全措施总的补偿系数等于该类安全措施各项系数取值的乘积。各类安全措施的具体内容见表3－30。

表3－30　各类安全措施补偿系数取值表

措施项	措施内容	补偿系数
容器系统	压力容器 非压力立式储罐 输送配管 附加的容器及防护堤 泄漏检测与响应 排放的废弃物质	
容器系统补偿系数之积 K_1 =		
工艺管理	压力容器 非压力立式储罐 工程冷却系统 惰性气体系统 危险性研究活动 安全停止系统 计算机管理 爆炸及不正常反应的预防 操作指南 装置监督	
工艺管理补偿系数之积 K_2 =		
安全态度	管理者参加 安全训练 维修及安全程序	
安全态度补偿系数之积 K_3 =		
防火	检测结构的防火 防火墙、障壁等 装置火灾的预防	

续表

措施项	措施内容	补偿系数
防火补偿系数之积 K_4 =		
物质隔离	阀门系统 通风	
物质隔离补偿系数之积 K_5 =		
消防活动	压力容器 非压力立式储罐 工程冷却系统 惰性气体系统 危险性研究活动 安全停止系统 计算机管理 爆炸及不正常反应的预防	
消防活动补偿系数之积 K_6 =		

将各项补偿系数汇总入表，并计算出各项补偿系数之积，得到各类安全措施的补偿系数。根据补偿系数，可以求出补偿后的评价结果，它表示实际生产过程中的危险程度。

补偿后评价结果的计算式如下：

（1）补偿火灾负荷系数 F_2：

$$F_2 = F \times K_1 \times K_4 \times K_5$$

（2）补偿装置内部爆炸指标 E_2：

$$E_2 = E \times K_2 \times K_3$$

（3）补偿环境气体爆炸指标 A_2：

$$A_2 = A \times K_1 \times K_5 \times K_6$$

（4）补偿综合危险性评分 R_2：

$$R_2 = R \times K_1 \times K_2 \times K_3 \times K_4 \times K_5 \times K_6$$

补偿后的评价结果，如果评价单元的危险性降低到可以接受的程度，则评价工作可以继续下去；否则，就要更改设计，或增加补充安全措施，然后重新进行评价计算，直到符合安全要求为止。

5. 蒙德法的优缺点及适用范围

蒙德法突出了毒性对评价单元的影响，在考虑火灾、爆炸、毒性危险方面的影响范围及安全补偿措施方面都比道化学法更为全面；在安全补偿措施方面强调了工程管理和安全态度，突出了企业管理的重要性，因而可对较广的范围进行全面、有效、更接近实际的评价；大量使用图表，简洁明了。但是使用此法进行评价时参数取值宽，且因人而异，这在一定程度上影响了评价结果的准确性。而且此法只能对系统整体进行宏观评价。

蒙德火灾、爆炸、毒性指标法适用于生产、储存和处理涉及易燃、易爆、有化学活性、有毒性的物质的工艺过程及其他有关工艺系统。

本章小结

安全评价应该是系统安全评价，即要以发展的、全面的观点探讨安全、危险、事故、事故后果之间的辨证关系，要追求安全评价中做出的主观判断真实反映被评价对象客观实际。本章阐述了系统安全的概念和基本观点和系统安全工程的基本内容，这是进行安全评价的思想基础。

本章介绍了主要的定性安全分析方法，包括安全检查表、危险性预先分析、故障类型和影响分析、危险与可操作性研究、作业条件危险性评价、事件树分析等方法，部分方法还可用于半定量分析；介绍了常用的定量安全评价方法，如事故树分析，道化学火灾、爆炸危险指数评价法，以及蒙德火灾、爆炸、毒性危险指数评价法。

思考题

1. 什么是系统？系统观主要有哪些观点？
2. 什么是系统安全？系统安全工程包括哪些基本内容？
3. 什么是安全检查表？它有哪些优点？
4. 危险性预先分析辨识的方法有哪些？分析的目的及程序是什么？
5. 什么是故障、故障类型、故障类型和影响分析？
6. 什么是危险性与可操作性研究？其分析步骤有哪些？
7. 作业条件危险性的主要影响因素有哪些？如何评价作业条件的危险性？
8. 什么是危险度？危险度评价法包括哪些分析步骤？
9. 什么是事件树？事件树分析包括哪些步骤？
10. 简述事故树分析各符号的名称及意义。
11. 如何计算事故树的最小割集及最小径集？有何意义？
12. 简述道化学火灾、爆炸危险指数评价法的基本程序。
13. 简述蒙德火灾、爆炸、毒性危险指数评价法的基本步骤。

第4章 加油（气）站安全管理

教学目标：

1. 了解各种加油（气）站 的分类和系统组成
2. 掌握各种加油（气）站运行过程中的危险因素

本章重点：

1. CNG、LNG及加油站安全运行管理要求
2. CNG、LNG及加油站应急处理技术

本章导读：加油（气）站是一个由储存、计量、输送、消防等子系统构成的易燃、易爆、有毒的危险场所。在加油（气）站的生产区域内，由各种阀门将管道与各处的工艺装置有机连接，构成一个互相作用的生产体系。加油（气）站安全管理就是将加油（气）站作为一个系统，为实现安全运行而进行的有关决策、计划、组织、控制等方面的活动。加油（气）站安全管理是其管理的重要组成部分。由于输送的物质具有易燃、易爆、易产生静电等特性，危险性很大。一旦加油（气）站发生事故，就可能造成人员伤亡和油气燃料的大量损失，因此，抓好加油（气）站的安全管理工作，对保证其安全生产，具有十分重要的现实意义。

4.1 压缩天然气加气站安全管理

压缩天然气（CNG）是一种非常理想的车用替代能源，其应用技术经几十年的发展已日趋成熟。它具有成本低、效益好、无污染、使用安全便捷等优势，发展潜力巨大。

4.1.1 加气站的分类和系统组成

天然气加气站是指以压缩天然气（CNG）形式向天然气车辆（NGV）和大型CNG子站车辆提供燃料的场所。

1. 分类

天然气加气站一般分为三种基本类型，即快速充装型、普通充装及两者的混合型。快速充装站如同加油站，一般轻型卡车或轿车需在3－7 min之内完成加气。一个典型的快速充装站所需的设备包括天然气压缩机、高压钢瓶组、控制阀门及加气机等。辅助设备包括一种单塔型无胶粘剂的可再生分子筛干燥器及流量计等。快速充装站主要是利用钢瓶组中的高压结合压缩机快速向汽车钢瓶充气。高压钢瓶组通常由3至12个标准钢瓶组成，一般分成高、中及低压三组。阀门组及控制面板包括3个子系统。优先系统控制压缩机向各钢瓶组供气的次序，紧急切断系统当系统出现紧急情况时，可快速切断各高压钢瓶组停止向加气机供气。顺序控制系统是负责控制高压钢瓶向加气机的供气次序，以保证加气机的加气时间最短，效率最高。目前三储气瓶组、三线进气加气系统被认为是较理想的高效低成本加气控制方式。这种系统压缩机一般仅向储气钢瓶充气，因而排气量并不需要完全满足各加气机的实际加气速率。加气机首先从低位瓶组中取气，当汽车钢瓶内的压力与低位储气瓶的压差或加气速率小于预设值时，加气机转而从中位瓶中取气直至高位瓶。在整个加气过程中，压缩机仅在各钢瓶组内的压力低于它们各自的预设值时才会启动。普通充装站则是针对交通枢纽，大型停车场等有汽车过夜或停留较长时间的情形，汽车可充分利用这段时间加气。普通充装站的主要设备包括天然气压缩机，控制面板及加气软管。天然气压缩机从供气管路抽气并直接通过加气软管送入加气汽车。这种加气系统的优点为站内无须高压气瓶组及复杂的阀门控制系统甚至加气机，因而投资费用极省。

典型的天然气汽车加气站的充装压缩机一般排气量少于150 Nm^3/h，电机功率

60 马力左右。依据不同的吸排气压力及排气量，压缩机通常采用 2－3 级压缩，双活塞杆结构。为满足 24 小时不间断工作的要求，压缩机应为连续重载设计。根据车内的气质条件，为降低气缸冲击应力，提高设备运行的可行性，小型压缩机的转速一般宜限制在 1 000 RPM 以内。

一般根据站区现场或附近是否有管线天然气，可将天然气加气站分为常规站、母站和子站。常规站是建在有天然气管线能通过的地方，从天然气管线直接取气，天然气经过脱硫、脱水等工艺进入压缩机进行压缩，然后进入储气瓶组储存或通过售气机给车辆加气。通常常规加气量在 600－1 000 m^3/h 之间。母站是建在临近天然气管线的地方，从天然气管线直接取气，经过脱硫、脱水等工艺进入压缩机压缩，然后进入储气瓶组储存或通过售气机给子站供气。母站的加气量在 2500－4 000 m^3/h 之间。子站是建在加气站周围没有天然气管线的地方，通过子站运转车从母站运来的天然气给天然气汽车加气，一般还需配小型压缩机和储气瓶组。为提高运转车的取气率，应用压缩机将运转车内的低压气体升压后，转存在储气瓶组内或直接给天然气车加气。

2. 系统组成

CNG 加气站由 6 部分组成，即天然气调压计量系统、天然气净化系统、天然气压缩系统、天然气储气系统、CNG 售气和控制系统。

4.1.2 压缩天然气加气站危险因素分析

1. 压缩机组

天然气加气站大多使用的是曲柄连杆式的往复活塞压缩机。由于 CNG 加气站的天然气压缩机要求压缩比较大，一般采用活塞式压缩机。活塞式压缩机主要应用于流量不大但压力要求相对较高的工况，该压缩机适应能力较强，可满足加气站频繁变化的工作参数。

压缩机组包括压缩机和驱动机。压缩机的冷却方式主要有风冷、水冷、混冷（风冷与水冷共同作用）等。压缩机组的冷却方式受到水资源、环境及机组结构型式的相互影响，如果压缩机冷却效果不好，容易造成压缩机排气温度升高，导致润滑油质量变差、润滑油耗增加、气缸积碳增加，严重地引起气缸损伤甚至发生粘连，使曲柄连杆受力明显增加，造成压缩机整体爆炸式解体的安全事故。

压缩机组是加气站的核心，是保障加气站安全可靠、连续运转的关键设施，在

CNG 加气站的安全管理中占有非常重要的地位。

2. 天然气净化设备

天然气加气站的净化功能主要有脱硫、脱水和脱油。

低压脱水装置由于压力低、可操作性较好、故障率低，应用比较广泛。但低压脱水装置体积庞大，对于集装箱结构的加气站，由于占地面积要求少，应用起来比较困难。

中压脱水装置位于压缩机的中间级出口处，依据压缩机入口压力的大小，确定放置在压缩机一级还是二级排出口。高压脱水装置位于压缩机的末级出口。

压缩机压缩天然气过程中，如采用油进行润滑时，由于气体中不可避免总是含有一定的油品，在低压脱水系统，最后环节必须设置除油设备，以脱除天然气在压缩过程中从气缸壁粘附的润滑油微粒，减少发动机出现气缸积碳现象。加气站净化设备是保障加气站销售合格车用天然气的重要工艺设备，是确保 CNG 汽车安全高效运行的重要组成部分。

天然气管道发生腐蚀是很难避免的，尤其对于新管道的使用，难免存在杂质。因此，在压缩机入口前或者低压脱水装置管道前应设置除尘过滤器是必要的。对于低压、中压脱水系统，考虑到压缩机本身或者级间也可能产生杂质，往往在压缩机出口处也设置一个过滤器，用来清除气体中的固体杂质。

净化设备也是高压容器，必须有防雷击装置，并要求进行焊缝无损探伤等。

3. 压缩天然气的储存设备

压缩天然气的储存方式有四种：在国外应用得最多的是，每个气瓶容积在 500 L 以上的大气瓶组，每组 3 – 6 个；国内采用较多的是，气瓶容积在 40 – 80 L，每站有 40 – 200 个；单个高压容器，容积在 2 m^3 以上；储气井存储，每口井可存气500 m^3。CNG 加气站储气瓶组如图 4 – 1 所示。

储气瓶组储气库需要建设牢固的建筑设施，以减少气库在突发事故时的危害。气瓶组常用水容积为 50 L、80 L 两种，经过并联形成多组储气装置。合理的储气瓶组容量不但能提高气瓶组的利用率和加气速度，而且可以减少压缩机的启动次数，延长其使用寿命。按工艺需要，分为高压、中压、低压小库组合成气站储气系统，以满足储气需要。这种类型储气装置安全可靠，使用起来弹性较大，建设时可统一规划，分步实施，有利于降低气站建设成本；欠缺的是气瓶组接头较多而导致泄漏点多，系统阻力较大。气库利用率一般在 50% – 65% 范围内。

图 4 - 1　CNG 加气站储气瓶组

储气井主要是对高压天然气进行储存缓冲，分组储气、分组充气，有利于合理安排机组运行与维修时间，缩短加气时间，减少能源消耗。储气井具有占地面积小、运行费用低、安全可靠、事故影响范围小等优点。

但储气井也有不足之处，如耐压试验无法检验强度和密封性，制造缺陷也不能及时发现，排污不彻底，容易对套管造成应力腐蚀等问题。

储气井上部大约高出地面 30 - 50 cm，每根套管的长度为 10 m。套管与管箍接头的连接螺纹处采用能承受 70 MPa 的耐高压的专用密封脂进行密封。储气井有几项比较关键技术必须加以注意，早期的储气井在使用中曾出现过上述问题，近几年经过工程技术人员不断努力，有些问题在一定程度上得到了改善。具体如下：

1）井口上封头进排气接管和排污接管处容易发生漏气，这通过改用球面密封得到了解决，另外将进排气口合二为一，也减少了泄漏点。

2）以往进气口水平布置，高压气流对井壁和排污管根部造成冲蚀，常将排污管吹断。现在的储气井将进气口竖直设置在上封头上则杜绝了这种现象。

3）储气井有一小部分伸出地面，暴露于空气中，因为空气与大地化学成分不一致，所以在井筒靠近地面处容易产生锈蚀。一个解决方法是在地面以上及以下各约 15 cm 处的筒体上各套一个由镁合金等活泼金属制成的金属环，并用导电材料将两金属环连接，则可避免钢制套筒的腐蚀，取而代之的是金属环的腐蚀，腐蚀后的金属环只需定期更换，可有效保护井体。

4）在储气井底部灌入一些润滑油或液压油，当有积水存在时，油会浮在水面上，将水和天然气隔开，有效避免硫化氢溶解于水而产生腐蚀性。排污时，水排完见到油后则停止排污。

5）此外，套管和井壁之间水泥砂浆是通过一个管状物灌入的，有时容易发生灌浆底部堵塞而灌浆不致密的问题，灌浆时在管侧壁上开许多孔，形成一个多出口的灌浆管，可有效解决这一问题。

4. 加气机

加气机是压缩天然气加气站用于给车辆充气并进行计量的主要设备。

加气机配置有三根进气管，分别与地面上的高压、中压、低压储气瓶相连接，故称为三线进气加气机。加气机系统的核心部件是流量计，附属部件包括电磁阀组、加气枪、电脑控制仪等。

加气机的加气枪是通过一个软管与加气机内部的流量计连接在一起的，如果在加气作业还没有结束时，万一车辆移动，很有可能将加气枪连接软管拉断，或由软管引发将加气机拉倒，进而拉断气体管线，造成漏气事故和设备损坏。为防止这类事故的发生，在连接软管上设有一个在较大外力下能够自动脱开并自动关闭管道口的装置，称为拉断阀。

压力稳定的天然气体积随温度的变化而发生变化，容积一定的封闭空间内的气体压力会随温度的升高而升高。例如，某车辆的气瓶在－40℃的天气中被充装到20.8 MPa，符合车载瓶的压力要求；如果充气完毕后，该车辆进入温度为21℃的室内车库，那么气瓶内的压力就会上升到30.5 MPa，这已经超出了多数气瓶的设计压力，存在一定风险。所以要求加气机必须能够根据环境温度自动调整充气结束时的压力，防止充气过度，这套系统称为防过充系统。

加气机设备必须配备两项重要的安全措施，即在连接加气机和加气嘴的软管上安装具有可恢复性拉断阀和压力－温度补偿系统。为保证加气机正常运行，经常要对加气机进行检查，检查项目有：加气机是否正确良好接地；加气机附近是否设置防撞栏；加气机是否设置减压阀；进气管道上是否设置防撞事故自动截断阀；储气瓶组与加气枪之间是否设置储气瓶组截断阀、主截断阀、紧急截断阀和加气截断阀以及紧急按钮（危险紧急情况用以截断所有电源和液压管路系统）；当管道压力漏失、超压或溢流时能否自动关机；所有电气设备是否都具有防爆性且有过压保护。

5. 进气缓冲罐和废气回收罐

对于进气缓冲罐，应对压缩机每一级进气缓冲，其目的是减小压缩机工作时的气流压力脉动以及引起的机组振动。

废气回收罐主要是将每一级压缩后的天然气经分离后，回收随冷凝油排出的一部分废气；压缩机停机后，将留在系统中的天然气、各种气动阀门的回流气体等回收起来，并通过一个调压阀返回到压缩机入口。当回收罐中压力超过安全阀设定压力时，将自动排放。凝结分离出来的重烃油也可定期从回收罐底部排出。

6. 控制系统

控制系统是为控制加气站设备的正常运转并对有关设备运行参数设置报警或停机而设置的。加气站设备的控制系统采用 PLC（可编程逻辑控制器）进行控制。这种控制方式可靠性高，能实现设备的全自动化操作，也可远传到值班室，实现无人看守。

控制系统负责加气站各部分之间的协调运行。从功能方面划分，可以将其概括为四个部分：电源控制、压缩机运行控制、储气控制（优先与顺序控制系统）和售气系统。

控制设备还应包括在线水分析仪器、H_2S 在线检测仪以及可燃气体报警器。前两者分别检测经过脱水、脱硫处理后的高压 CNG 中水分含量和 H_2S 含量是否超标，如在规定的时间内超过设定标准值，则自动报警。可燃气体报警器用于检测 CNG 加气站内 CH_4 气体含量是否超标，一旦超过设定值，则报警并自动关机。

4.1.3 天然气加气站常见操作规程

天然气加气站主要有以下几种操作规程。

1. 脱水装置工艺流程

（1）吸附流程。

压缩机高压天然气经冷却分离后，进入脱水装置重力分离器及前置过滤分离器分离可能存在的液态水、游离油和杂质，然后进入吸附塔，塔内分子筛将压缩天然气中的饱和水进行吸附，再经后置分离器进入储气罐，吸附完成。

（2）再生流程。

当分子筛吸附到饱和状态后，应对其进行再生处理。自调压阀取低压气，通过电加热器将气体温度加热进入再生塔带出分子筛吸附的水分，使分子筛吸附剂在再生工艺条件（高温、低压）下得到解析，恢复活性。经冷却、排除水分后，再生气回管网再利用，再生完成。

（3）注意事项。

气体再生时应先开气后开电源，再生过程中要保证再生气压力，再生结束后先关电源，冷吹后再关再生气阀门；随时检查阀门和卡套有无泄漏，气体是否在流动；禁止拉、吊、扶管道，以免产生危险。

2. 微量水分仪操作规程

（1）进气压力应控制在≥0.5 MPa，待旁通流量计的浮子升至 800±2 时方可打开仪器测量。

（2）测量时首先开启气源阀门，打开仪器电源，然后待含量显示 5 分钟无明显变化时再开启测量键。

（3）例行检测或停止测量须关闭仪器时，首先关闭测量阀，再关闭气源键，然后关闭仪器电源。

开启程序：开气源阀—开仪器电源—开测量阀。

关闭程序：关测量阀—关气源阀—关仪器电源。

3. 设备操作和应急处理规程

（1）设备起动前必须检查电源装置是否正常，在确保电源正常的情况下方可起动。

（2）设备起动后必须在无杂音、仪表正常、机温和油温在可带负荷示值内方可进行增压操作，增压时注意观察“三表”（四断压力表、脱水压力表、顺序盘压力表）示值是否相同，当示值不同时应按照停机—关闭气源—卸压放散的应急方案进行处理。

（3）若设备出现其他异常情况时，应按照停机—关闭总电源—关闭总气阀门—卸压放散的应急方案进行处理。

（4）当发现深度脱水有泄漏现象时，应按照停机—关闭机房顺序盘—卸压放散的应急方案进行处理。

（5）当脱水再生发生冰堵时，应按照关闭再生电源—关闭进气阀门—卸压放散—用开水加热的应急处理办法进行处理。

（6）当微量水分仪出现供气不足时，应按照关闭水分仪—调压的应急方案进行处理。

（7）当加气机发生故障时，应按照关闭加气机顺序盘阀门—关闭电源—卸压放散的应急方案进行处理。

（8）当冷却系统出现故障时，应按照关闭电源—更换电机或水泵—更换电源开关或保护器的应急办法进行处理。

4. 储气井运行操作规程

（1）操作要点：进气前应认真检查，确保工艺流程正确，阀门状态正常，压力表，安全阀经校验在有效期内，确保准确可靠。

（2）使用期间注意防止管道憋压，导致压缩机停机。在补气时重点监测压力表示值，不得超压。

（3）储气井使用期间，应按相关规程进行检修排液，每口井要有记录并建档。

（4）储气井各阀门开关操作时不允许用力过猛，如为双阀时先开关内阀再开关外阀。

（5）一人开关阀门，需另一个人观察压力表压力变化，按压力上升快慢决定阀门开大或关小。

（6）储气井每天进行一次常规检漏，发现有泄漏现象应立即采取相应的措施予以处理，并报告技术负责人，同时作好纪录。三个月检查一次井口支架是否松动。运行期间设备管理员经常观察表阀及管接口处有无泄漏，压力表在未加气时有无压降。井管是否有上升或下降现象，如有异常，应立即报告并采取相应的安全措施，由技术负责人提出整改方案予以整改。

（7）高压气地下储气井井筒排液。

由于天然气是一种混合物，其中含水量大大超过车用燃气规范和储气标准，虽然在储气前已经进行工艺处理，但是天然气始终含有一定的水分，这些水分随着温度，压力的变化汇聚在储气井中，故需要不定期的将井筒内的水和凝析液排出以达到清洁天然气的目的，其具体的方法是：

① 储气井在使用期间，通常应在3—6个月排放井内积液一次；操作人员不得随意打开排污阀进行排污，必须按照技术负责人的安排进行。

② 将储气井压力卸压降至2 MPa左右，缓慢开启排液阀进行排液。开启排液阀时，操作人员应注意安全，所站位置不得正对着排液管口；排污阀必须逐渐缓慢开启，不宜开的过快过大。排污过程中操作人员不得离开现场。

③ 当排液压力降至0.5 MPa时，可关闭排液阀，补气到井中，使压力达到2 MPa，重复2步骤，直到将井内液体全部排尽为止。排液管出现气体，关闭排液阀，然后缓慢充气升压至工作压力。

5. 往复泵安全操作规程

（1）启动操作。

首先接通电源，启动泵。注意泵的响声以及运作情况。然后缓慢开启出口阀，同时缓慢关闭溢流阀。泵经空运转无问题后方可逐渐加负荷。每次加负荷不得超过5 MPa，每级负荷运转15分钟后方可再加下级负荷。

（2）正常停泵操作。

停泵前首先打开回流阀门，同时关闭出口阀门，让泵减载运转3—5分钟。然后切断主泵电机电源。

6. 脱硫系统安全操作规程

（1）原始开车的组织管理工作。

① 原始开车必须编制详细的试车方案，并向参加开车人员进行技术交流。

② 建立原始开车领导小组，保证开车在有组织，有领导原则下进行。

③ 落实装置同外界各相关单位的通讯联络。

④ 落实好原始开车所用工器具，交通工具及材料物料分析化验等物质准备工作。

（2）原始开车前的全面检查。

① 技术文件的检查。

主要包括设备安装记录；管道清洗，吹扫及试压记录；设备填料装填记录；装漏气体泄漏性实验记录；自控或检测系统调试记录；消防水管通水记录；阀门试压记录及保温防腐记录。

② 装置的全面检查。

主要包括各种设备固定是否牢固；各种阀门阀杆转动是否灵活；装置内设备，管道各连接面的螺栓是否牢固等。

4.1.4 压缩天然气加气站安全管理规定

1. 安全禁令

（1）禁止对充装证过期或无充装证的气瓶充气。

（2）禁止对非法改装气瓶的车辆充气。

（3）禁止对存有不同介质的气瓶充气。

（4）禁止由司机或非专业人员加气。

（5）禁止对减压阀、充气阀、高压管线等连接有松动的气瓶充气。

（6）禁止对充气阀泄漏或结露的气瓶充气。

（7）禁止对有明显损伤的气瓶充气。

（8）禁止超压（20 MPa以上）加气。

（9）禁止对司机和乘客未下车的车辆充气。

（10）禁止对发动机未熄火和关闭汽车电源的车辆充气。

（11）禁止在加气作业现场洗修车辆或机械。

（12）禁止在爆炸危险场所使用非防爆电器和工具。

（13）禁止车辆碾压和人员强行拉伸、弯曲、踩踏加气软管。

（14）禁止在加气站内吸烟或使用移动通讯工具。

（15）禁止在作业中跑动、嬉闹。

2. 加气作业现场安全管理

（1）加气车辆随车人员应在站外下车，无关人员不得进入作业现场。

（2）加气人员引导车辆停靠，防止车辆碰撞或擦挂加气设备。

（3）加气前认真检查汽车储气罐是否符合技术要求，不得对存在检定超期、泄露气体、连接部位松动等问题的气罐充气。

（4）加气中操作人员不得离开现场，严密监视加气设备和车辆，发现问题立即停止作业并采取相应的安全措施，确保作业安全。

（5）站内严禁烟火，禁止使用手机，禁止在加气作业现场检修车辆。

（6）随时检查加气设备技术状况，严禁设备带“病”工作。

3. 设备安全管理

（1）加气站增压设备、储气设备、加气设备、降温冷却装置、安全保险装置、消防设备和器材等设施设备要明确专人管理，落实管理责任。

（2）防爆电器电缆进线必须密封可靠，多余进线孔必须封堵。

（3）加强设施设备的检查和维护保养，制定检修计划，建立设备档案，使之随时保持良好状态。

（4）发现设备故障或气压、油压、水压等不安全问题时必须立即停产检修，严禁设备带伤运行。

（5）顺序控制盘、过程控制盘、增压设备、储气设备、冷却设备、加气设备、报警装置等主要设备的检修必须由具有资质的专业技术人员进行，严禁盲目蛮干造成设备损坏或失灵。

（6）生产设施、生活设施配置的安全阀、联锁装置、报警装置、灭火装置、防雷防静电装置、电气保护装置、压力表等安全装置必须定期检测和校验，保证完好有效。

（7）安全装置不准随意拆除、挪用或弃置不用，因检修临时拆除的，检修完毕后必须立即复位。

4. 压力容器、压力管道安全管理

（1）压力容器执行《压力容器安全技术监察规程》，定期检验。

（2）压力容器做到每周一次检查，半年一次维护保养，发现问题及时商请具有资质的技术监督部门进行检验，检验合格后方可投入使用。

（3）压力管道执行《压力管道安全管理与监察规程》，每天进行一次检查。

（4）气瓶充装执行《气瓶安全监察规程》，超期或检验不合格的气瓶一律不得充装。

（5）压力容器、管道根据检验报告到期时间，提前一个月向当地技术监督部门申报，做好检验前准备工作。

（6）压力容器及管道应随时保持清洁卫生。

5. 防护用品管理

（1）为避免或减轻操作员工的事故伤害和职业危害，主管公司须根据作业性质、现场条件、劳动强度和上级有关规定，正确选择配备符合安全卫生标准的防护用品和器具。

（2）各种防护器具应定点存放在安全、方便的地方，并有专人负责保管，定期检查和维护。

（3）操作员工应根据作业条件坚持佩戴防护用品，增强自我防护意识，避免或减轻职业危害。

6. 用电安全管理

（1）加气站上空不得有任何电气线缆跨越，周边电线必须符合安全距离要求。

（2）室内外照明灯具必须符合防爆等级规定。

（3）站内不得随意安装或架设临时电线，不得私自布设电源。因设备检修或技改施工必须铺设临时电线时，必须报上级主管部门批准并办理临时用电作业票。

（4）电动机、发电机、配电屏等电器设备均应设置保护接地，每半年进行一次测试和保养，接地电阻不得大于4 Ω。

（5）电器、电线检修必须由持证电工进行，检修中应做好现场监护，放置警示标志，防止其他人员误操作发生意外。

（6）电器设备、电气线路应随时检查，确保其技术状态良好。

7. 防雷防静电管理

（1）加气站建筑物、构筑物、储输气设备、加气设备等均应设置防雷防静电接地并符合有关技术要求。

（2）各种跨接、接地装置应随时保持良好，每年春秋季节各进行一次检测，接地电阻须符合技术规定。

（3）操作人员着装必须符合防静电要求。

（4）作业场所不得穿脱衣服、梳头和使用化纤制品擦拭设备及地面。

（5）高强闪电、雷击时停止加压、充装作业。

8. 消防安全管理

（1）加气站严格控制明火，设备维修必须动火时须按动火管理规定上报审批，严格掌握动火条件，制定动火作业方案及安全措施，加强现场安全监督，确保动火作业安全。

（2）消防器材定人管理，定点存放，定期检查和维护保养，随时保持良好，不得随意挪动。对使用超期或压力不足的灭火器要及时更换。

（3）无关人员不得进入增压机房，必须进入的要解除火种，并有加气站负责人陪同。

（4）加气场地醒目处张贴防火警示标志和安全告示，提醒客户防火安全注意事项。

（5）加气站入口处设置防撞、限速（5Km/h）等标志，设置减速带。

（6）站内严禁吸烟，加气场地、储气区域及压缩机房等危险场所禁止使用移动通讯工具，操作员工严禁携带烟火上岗。

（7）操作员工必须经过消防安全培训，熟悉消防器材的正确使用方法，会扑救初期火灾。

9. 应急管理

（1）总体要求。

由于压缩天然气具有易泄漏、易扩散、易燃烧、易爆炸等危险特性，极易发生燃烧爆炸事故。加气站应对可能发生事故的环节、原因和危害程度进行分析、评估，根据加气站所处的地理位置、周边环境、加气频次以及设施设备状况，科学地制定防事故措施和应急预案并加强演练，一旦发生事故能在短时间内及时、正确的得到处置，最大限度地降低事故损失。

（2）天然气泄漏的主要原因。

① 输气管道穿孔、破裂或折断。维护保养不当致使管线腐蚀穿孔；地震、洪灾、风暴、撞击等外界因素导致管道破裂。

② 阀门或连接法兰渗漏。因气候变化等原因导致材质低劣的阀门、法兰破损或失灵；长期使用或缺乏必要的维护保养致使密封材料老化。

③ 储气井（罐）年久失修腐蚀穿孔。

④ 加气胶管老化或连接处松动、加气机部件损坏失灵或连接处不密封。

⑤ 车辆撞击。外来加气车辆停车不当与加气设备撞击导致设备损坏。

⑥ 员工误操作。

（3）防泄漏措施。

设备、材料采购中严格质量把关，防止质量低劣的不合格产品应用于加气站设施。加强设施设备的检查与维护保养，随时保持良好的技术状态。加强安全巡检，发现异常及时处理。正确引导和严密监护加气车辆进出加气场所，防止发生撞击。作业中严格遵守操作规程，防止因误操作导致 CNG 泄漏。

10. 加气站应建立的应急预案

（1）防火灾爆炸事故应急预案。

（2）防洪防汛应急预案。

（3）防 CNG 泄漏应急预案。

（4）防自然灾害（大风、地震、雷击、山体垮塌等）应急预案。

（5）防盗窃、破坏应急预案。

（6）防环境污染应急预案。

4.2 液化天然气汽车加气站安全管理

液化天然气（LNG）常压下的沸点为 -166℃至 -157℃，密度为 430 kg/m^3 至 436 kg/m^3。LNG 泄漏到空气中，空气中水蒸气被 LNG 释放出的低温能量所冷却，形成明显的白色蒸汽云；LNG 气化后的气体如温度上升到 -107℃后，气体密度比空气密度低，容易在空气中扩散。

4.2.1 液化天然气安全特性

1. 天然气的燃烧特性

(1) 闪点。

可燃液体表面的蒸汽与空气混合，形成混合可燃气体，遇火源即发生燃烧，形成挥发性混合气体的最低燃烧温度称为闪点。表4-1是几种天然气组分的闪点。闪点越高，安全性越好。

表4-1 几种天然气组分的闪点

组分	甲烷	乙烷	丙烷	丁烷
闪点/℃	-188	< -50	-104	-82.78

(2) 燃点。

在规定的条件下，可燃物质遇到火源自行燃烧的最低温度称为该物质的燃点。表4-2是几种天然气组分的燃点。燃点越高，安全性越好。

表4-2 几种天然气组分的燃点

组分	甲烷	乙烷	丁烷
燃点/℃	538	466	430

天然气的燃烧温度-182.5℃，自燃温度为595℃。

(3) 热值。

热值是指单位质量或单位体积的可燃物质，在完全燃烧后生成最简单的最稳定的化合物时所放出的热量。天然气的热值为35.7-39.9 MJ/m^3。LNG的热值为38.5 MJ/Nm^3。

(4) 燃烧速度与爆燃。

气体的燃烧速度很快，受热和氧化后就会燃烧。在气体燃烧中，通常用火焰的传播速度来表示燃烧速度。甲烷在空气中最大的火焰传播速度为33.8 cm/s。最大燃烧速度时体积分数为10%。

混合气体着火时，如果火焰传播速度小于声速，燃烧过程称为爆燃。火焰传播速度高于声速的燃烧过程称为爆轰。天然气的爆燃特性是主要的危险因素。常温常压下天然气被点燃，其燃烧速度约为0.3 m/s。

2. 天然气的爆炸特性

可燃物质（可燃气体、蒸汽和粉尘）与空气（或氧气）必须在一定的浓度范围以内均匀混合，形成混合气，遇着火源才会发生爆炸，这个浓度范围称为爆炸极限，或爆炸浓度极限。爆炸燃烧的最低浓度称为爆炸浓度下限，最高浓度称为爆炸浓度上限。天然气的爆炸极限为5%—15%。

（1）LNG的低温特性。

LNG的低温常压储存是指在液化天然气的饱和蒸汽压接近常压时的温度进行储存，即将LNG的储存，运输，利用是在低温状态下进行。LNG的低温特性除了对LNG系统的设备在低温条件下产生脆性断裂和冷收缩的危害外，还要考虑系统保冷，蒸发气处理，泄漏扩散以及低温灼伤等方面的问题。

① 隔热保冷。

LNG系统的保冷隔热材料除了要满足导热系数小，密度低，吸湿率和吸水率小，抗冻性强的要求外，还应满足在低温下不开裂，耐火性好，无气味，不易霉烂，对人体无害，机械强度高，经久耐用，价格低廉，方便施工等要求。

② 蒸发。

LNG是作为沸腾液体储存在绝热的储罐中。外界任何传入的热量都会引起一定量的液体蒸发成为气体，这就是蒸发气（BOG）。蒸发气的组成与液体蒸发而形成的组成有关。标准状况下蒸发气密度是空气的60%。

当LNG压力降至沸点压力以下时，将有一定量的液体蒸发而成为气体，同时液体温度也随之降低到其在该压力下的沸点，这就是LNG的闪蒸。通过烃类气体的气液平衡计算，可得到闪蒸汽的组成及气量。当气压在100—200 MPa范围时，1 m^3处于沸点以下的LNG每降低1 KPa压力时，闪蒸出的气量约为0.4 kg，当然，这与LNG的组成有关，以上数据可作估算参考。由于压力，温度变化引起的LNG蒸发产生的蒸发气的处理是液化天然气储存运输中经常遇到的问题。

③ 泄漏。

由于LNG储存温度为-162℃，泄漏后的初始阶段会吸收地面和周围空气中的热量迅速汽化。但是到一定的时间后，地面会冻结，周围的空气温度在无对流的情况下也会迅速下降，此时汽化速度减慢，甚至会发生部分液体来不及汽化而被防护堤拦蓄。汽化的天然气在空中形成冷蒸汽云。冷蒸汽云或者来不及汽化的液体都会对人体产生低温灼伤，冻伤等危害。

LNG泄漏后的冷蒸汽云，来不及汽化的液体或喷溅的液体，会使所接触的一些材料变脆，易碎，或者产生冷收缩，致使管材，焊缝，管件受损产生泄漏。特别是对 LNG 储罐可能引起外筒脆裂或变形，导致真空失效，绝热性能降低，从而引起筒内液体膨胀压力升高，造成更大事故，设备的混凝土基础可能由于冷冻而强度受损。

LNG 倾倒在地面上时，起初迅速蒸发，然后当从地面和周围的大气中吸收的热量与 LNG 蒸发所需的热量平衡时便降低至某一固定的蒸发速度。该蒸发速度的大小取决于从周围环境吸收的热量多少。

LNG 泄漏到水中时产生强烈的对流传热，以致在一定的面积内蒸发速度保持不变。随着 LNG 流动泄漏面积逐渐增大，直到气体蒸发量等于漏出液体所能产生的气体量为止。

泄漏的 LNG 开始蒸发时，所产生的气体温度接近液体温度，其密度大于环境空气密度。冷气体在未大量吸收环境空气中的热量之前，沿地面形成一个流动层，当温度升至约 -113℃（对纯甲烷）或 -80℃（LNG 蒸汽）时气体密度就小于环境空气密度。形成的蒸发气和空气的混合物在温度继续上升过程中逐渐形成密度小于空气的云团，此云团的膨胀和扩散是一个与风速、大气稳定度有关的复杂问题。当 LNG 泄漏时，由于液体温度很低，大气中的水蒸气也被冷凝而形成“雾团”这是可见的，可以作为可燃性云团的示踪物，指示出云团的区域范围。泄漏的 LNG 以喷射的形式进入大气中，同时进行膨胀和蒸发，还进行与空气的剧烈混合。大部分 LNG 包在初始形成的类似溶胶的云团之中，再进一步与空气混合过程中完全汽化。

LNG 与外露的皮肤短暂的接触，不会产生什么危害。但持续的接触，会引起严重的低温灼伤和组织损坏。

（2）天然气的窒息特性。

天然气的过分积聚可能会使空气中的氧浓度降低，人处在这种环境下可能会导致昏迷，甚至窒息。当空气中的氧气体积含量低于 20% 时，操作人员应当注意；如果氧气的含量进一步降低时操作人员应当撤离。

当操作人员因缺氧失去知觉时，应当立即将其撤离现场，并进行人工呼吸。如果操作人员停止呼吸，应当立即进行人工呼吸并马上送往医院治疗。当空气中的氧气浓度 <10%，天然气浓度 >50% 时，对人体产生永久伤害，在此情况下，工作人员不能进入 LNG 区域。

3. 天然气的储存特性

（1）分层。

LNG 是多组分混合物，因温度和组分变化会引起密度变化，液体密度差异使储罐内的 LNG 发生分层。一般，罐内的液体垂直方向上的温度差大于 0.2℃，密度差大于 0.5 Kg/m^3 时，认为储罐内液体发生了分层。LNG 储罐内液体分层往往是因为储存的 LNG 密度不同或者因为 LNG 氮含量太高引起的。

（2）翻滚。

若储罐内的液体已经分层，被上层液体吸收的热量一部分消耗于液面蒸发所需的潜热，其余热量使上层液体温度升高。随着蒸发的持续，上层液体密度增大，下层液体密度减小，当上下两层液体密度接近相等的时候，分层界面消失，液层快速混合并伴随有液体大量蒸发，此时的蒸发率远高于正常蒸发率，出现翻滚。

翻滚现象的出现，在短时间内有大量的气体从 LNG 储罐内散发出来，如不采取措施，将导致设备超压。

（3）快速相态转变（RPT）。

两种温度差极大的液体接触时，若热液体比冷液体的温度高出 1.1 倍，则冷液体的温度上升极快，表面层温度超过自发成核温度（当液体中出现气泡时），此过程热液体能在极短时间内通过复杂的链式反应机理以爆炸速度产生大量蒸汽，这就是 LNG 或液氮接触时出现 RPT 现象的原因。LNG 溢入水中而产生的 RPT 现象不太常见，且后果也不太严重。

4.2.2 液化天然气加气站设备运行危险分析

1. 漏热或绝热破坏产生的危险

LNG 低温储罐，是加气站危险介质的盛装容器。因漏热必然要产生部分自然蒸发（BOG）气体：当绝热破坏时，低温深冷储存的 LNG 因受热而汽化，储罐内压力剧增。

液相管道因漏热同样产生 BOG 气体，绝热破坏时，管内压力同样剧增。

2. 过冷损害的危险

泄露后产生的冷蒸气云或液体会使管道产生冷收缩，会使碳钢产生脆裂等现象，可能造成焊缝裂开，法兰，阀门漏气，储罐外筒可能变形，脆裂，造成绝热破坏。

3. 储罐液位超限产生的危险

LNG 储罐在卸车过程中要防止罐内液位超限，液位的充装量不宜超过 85%，万一超限可使多余的液体从溢流阀流出；出液过低会使罐抽空，罐内出现负压，出液时最低液位应控制在10%左右。超限情况下监测报警系统会启动，并且联锁关闭阀门，避免事故发生。

4. 管道振动产生的危险

（1）液击现象与管道振动。

在LNG的输送管道中，由于加气车辆的随机性，装置反复开停，液相管道内的液体流速经常发生突然变化，有时甚至是十分激烈的变化，液体流速的变化使液体的动量改变，反映在管道的压强迅速上升或者降低，同时伴有液体锤击的声音，这种现象叫做液击现象，液击造成管内压力有时是很惊人的，突然升压严重时可使管道爆裂，迅速降压形成的管内负压可能使管子失稳，导致管道振动。

（2）管道中的两相流与管道振动。

在LNG的液相管道中，管内的液体在流动的同时，由于吸热，摩擦及压力下降等原因，有部分的液体会汽化成气体（气体的量很小），液体同时因冷损而体积膨胀，这种有相变的两相流因流体的体积发生突然的变化，流动的流型和流动的状态也受到扰动，管内的压力可能增大，这种情况可能激发管道振动。

当汽化后的气体在管道中以气泡的形式存在时，有时形成“长泡带”；当气体流速增大时，气泡随之增大，其截面可增至接近管径，液体与气体在管中串联排列成所谓“液节流”；这两种流型都有可能激发管道振动，尤其是在流经弯头时振动更为剧烈。

（3）加气、卸气软管的老化及振动。

加气、卸气接口为软管连接。高分子材料软管容易老化，工作时由于剧烈振动容易爆裂，接口处因经常磨损可能造成密封不严。

5. 装置预冷产生的危险

LNG储罐在投料前需要预冷，同样在生产中工艺管道每次开车前需要预冷，如预冷速度过快或者不进行预冷，有可能使工艺管道、法兰、阀门发生变脆、断裂和剧烈的冷收缩，引发泄漏事故。

6. BOG气体和增压气体产生的危险

LNG储罐或液相工艺管道，由于漏热而自然蒸发一定量的气体，一般情况下（制造厂家提供的数据为每昼夜千分之三的蒸发量）生产运行中由于卸车，需要给卸车系统增压，出液时需要给LNG储罐增压；受气车辆在加气之前需要降低车载气瓶内的压力，此部分气体在加气时又被抽回至储罐。这些气体始终储存在系统中，当系统压力过高时需要进行安全放散，国内有的加气站每年因 BOG 放散损失达十多万元，且对大气环境有一定的污染。

4.2.3 液化天然气加气站安全运行

1. LNG 储罐

（1）LNG 储罐的压力控制。

正常运行中，必须将 LNG 储罐的操作压力控制在允许的范围内。华南地区 LNG 储罐的正常工作压力范围为 0.3—0.7 MPa，储罐压力低于设定值时，可利用自增压汽化器和自增压阀对储罐进行增压。增压下限由自增压阀开启压力确定，增压上限由自增压阀的自动关闭压力确定，其值通常比设定的自增压阀开启压力约高 15%。例如：当 LNG 用作城市燃气主气源时，若自增压阀的开启压力设定为 0.6 MPa，自增压阀的关闭压力约为 0.69 MPa，储罐的增压值为 0.09 MPa。

储罐的最高工作压力由设置在储罐低温气相管道上的自动减压调节阀的定压值（前压）限定。当储罐最高工作压力达到减压调节阀设定的开启值时，减压阀自动开启卸压，以保护储罐安全。为保证增压阀和减压阀工作时互不干扰，增压阀的关闭压力与减压阀的开启压力不能重叠，应保证 0.05 MPa 以上的压力差。考虑两阀的制造精度，合适的压力差应在设备调试中确定。

（2）LNG 储罐的超压保护。

LNG 在储存过程中会由于储罐的“环境漏热”而缓慢蒸发（日静态蒸发率体积分数≤0.3%），导致储罐的压力逐步升高，最终危及储罐安全。为保证储罐安全运行，设计上采用储罐减压调节阀，压力报警手动放散，安全阀起跳三级安全保护措施来进行储罐的超压保护。

其保护顺序为：储罐压力上升到减压调节阀设定的开启值时，减压调节阀自动打开泄放气态天然气；当减压调节阀失灵，罐内压力继续上升，达到压力报警值时，压力报警，手动放散卸压；当减压调节阀失灵且手动放散未开启时，安全阀起跳卸压，保证 LNG 储罐的运行安全。对于最大工作压力为 0.80 MPa 的 LNG 储罐，设计压力为 0.84 MPa，减压调节阀的设定开启压力为 0.76 MPa，储罐报警压力为 0.78 MPa，安全阀开启压力为 0.80 MPa，安全阀排放压力为 0.88 MPa。

（3）LNG 储罐的翻滚与预防。

LNG 在储存过程中可能出现分层而引起翻滚，致使 LNG 大量蒸发导致储罐压力迅速升高而超过设计压力，如果不能及时放散卸压，将严重危及储罐的安全。

要防止 LNG 产生翻滚引起事故，必须防止储罐内的 LNG 出现分层，常采用如下措施。

将不同气源的 LNG 分开储存，避免因密度差引起 LNG 分层。为防止先后注入储罐中的 LNG 产生密度差，采取以下充注方法：

① 槽车中的 LNG 与储罐中的 LNG 密度相近时从储罐的下进液口充注；

② 槽车中的轻质 LNG 充注到重质 LNG 储罐中时，从储罐的下进液口充注；

③ 槽车中的重质 LNG 充注到轻质 LNG 储罐中时，从储罐的上进液口充注。

（4）LNG 储罐运行监控与安全保护。

① LNG 储罐高、低液位紧急切断。

② 汽化器后温度超限报警，联锁关断汽化器进液管。

③ 在 LNG 工艺装置区设天然气泄漏浓度探测器。

④ 选择超压切断式调压器。调压器出口压力超压时，自动切换。调压器后设安全放散阀，超压后安全放散。

⑤ 天然气出站管路均设电动阀，可在控制室迅速切断。

⑥ 出站阀后压力高出设定报警压力时声光报警。

⑦ 紧急情况时，可远程关闭出站电动阀。

2. 潜液泵

（1）潜液泵安全操作规程。

① 潜液泵在使用前要求按照潜液泵的预冷流程，缓慢的对泵进行冷却。

② 预冷完成后，泵壳内充满液体。当泵池温度测点温度低于设定值之后，变频器按照给定的频率启动电机。

③ 观察泵的出口压力，若 25 秒内无变化，则需要重新启动。

④ 如果泵发出异常的声音，或排出管路有较大的震动，应立即停泵，查找出原因后，重新启动。

（2）潜液泵使用注意事项。

① 必须密切关注泵的气蚀问题，即良好控制起泵温度，该温度值设置应低于饱和温度 $-8\sim0$℃。关注泵出口压力，若存在波动，请及时放空泵池直至压力稳定。关注储槽液位高度，一般储槽液位低于 25cm，就应考虑卸车。避免严重气蚀给现场操作人员带来人身伤害或给设备带来损害。

② 关注泵变频器输出电流，在任何状况下，该电流值不应大于 25A，在缺相状

态下严禁使用设备。泵的电源接线请勿随意挪动，当泵的电源线必须进行更改时，请确认三相顺序。简易方法为接线完毕后，50 Hz 启动设备，25 s 后若泵进、出口压差没有超过 0.2 MPa 则更换电源线的任意两相，比较两种接法，选用进、出口压差大的接法。

③ 每次更改流程时，必须首先确认现场阀位是否正确。

④ LNG 卸车时，应保证槽车压力大于等于储槽压力，若槽车增压缓慢，可用泵设备增压，但一定要密切关注槽车压力，切勿超压。卸车完毕后及时关闭围堰上液相阀门、气相阀门、泵池进液阀门、旁通阀门，开启自增压汽化器液相阀门、自增压汽化器气相阀门，等待汽化器进液管路霜化后，关闭自增压汽化器液相阀门、自增压汽化器气相阀门。

⑤ 当泵不起压时，首先判断泵是否转动，若泵不转，先查找动力电源及变频器问题，若正常，则考虑泵本体机械发生故障。若判断泵转动，则根据泵运行声音，判断是否为液体原因或是电源因素，若均正常，则考虑泵本体机械发生故障。当泵起压后压力不平稳，起伏波动时，先判断储槽液体是否足够，出口管阻是否发生变化即出口阀门和售气机阀门是否正常开启，若均正常，则考虑变频器频率是否恒定，最后考虑泵本体机械发生故障。当泵起压后，压力很高但流量很小，则判断出口管阻是否发生变化即出口阀门和售气机阀门是否正常开启。

⑥加气时运行频率初步建议 70～80 Hz，依据气瓶压力的不同酌情选择，在气瓶压力大于 0.8 MPa 时，建议回气泄压，以确保加气速度及泵在较好工况点下工作。

⑦当泵的转速不为“0”时，请勿二次点动电机。

3. LNG 汽车加气站紧急处置措施

（1）加气站突发性强大高压气流喷出、着火、爆炸等火灾的处理。

出现上述情况时，操作人员应立即将运行中的设备紧急停机；关闭 LNG 储罐，关闭 LNG 加液站橇块。若不能控制，当班班长报火警 119 或 110；同时疏通加气车辆迅速撤离；在加气站进出口设立警戒线；等待消防队伍的到来。

（2）加气机发生枪头脱落、爆管紧急处置措施。

当班人员迅速按下加气机键盘上“停止”键，若人员靠不上，立即关闭 LNG 加液站橇块阀门，这时严禁发动车辆，报告上级领导、组织人员抢修。

（3）加气机工作时发生火灾的处理。

加气机在加气时起火，加气工应迅速关闭加气机，拔出加气枪，同时另一名加气工用灭火器处理初起火灾，关闭 LNG 加液站橇块，同时通知上级领导，组织灭火，报警、警戒。

（4）LNG 加液站橇块运行中发生泄漏的处理。

LNG 加液站橇块运行中发生泄漏时，应立即按下紧急停机按钮 5 停机，禁止加气车辆点火发动，关闭 LNG 储罐阀门，并迅速做好防火准备工作。在可以控制的情况下停止运行，查找泄漏点，组织抢修人员进行抢修，并通知领导。

（5）配电系统的紧急情况下的处理措施。

一旦发生突发性火灾，由操作工立即拉下电源开关，组织人员灭火，报告领导。雷击季节，狂风暴雨，雷鸣闪电暂停生产，拉下电源开关。

LNG 加气站是很少发生事故的，但一旦发生事故很难控制。2011 年 2 月 8 日晚 19 时 07 分，江苏徐州市二环西路北首沈场立交桥西南侧的加气站储气罐发生泄露引发大火。徐州消防支队先后出动 15 辆消防车、80 余名官兵赶往现场处置火情。8 日晚 19 时 50 分，20 余米高的火势被成功控制。事故原因分析：在 LNG 贮罐区域着火应有两个条件，一是泄漏，二是点火源，从现场情况可知，失火前，贮罐底部区域出现 LNG 泄漏，但是没有天然气泄漏报警。因贮罐底部区域内不存在明火及非防爆电气，所以点火源可能是外来的火种，当时正值正月初六，居民燃放的烟花炮竹是可能的外来火种。事故发生告诫我们，LNG 储罐位置安装天然气泄漏报警装置是必要的，同时要保证装置的可靠性；尽量减少储罐与管线连接法兰的数量，法兰数量越多，可能发生泄漏的部位越多，能采用焊接连接的必须采用焊接方式；安装阀门等设备要求水平安装以减少由于压力的变化造成对阀门等设备的影响；罐根阀一定要采用性能优良的阀门；平时一定要关注储罐周围的情况，杜绝火种进入罐区。

4.2.4 液化天然气加气站的安全管理规定

1. LNG 加气站的安全技术管理

LNG 因具有的特性和潜在的危险性，要求我们必须对 LNG 加气站进行合理的工艺、安全设计及设备制造，这将为搞好 LNG 站的安全技术管理打下良好的基础。

（1）LNG 加气站的机构与人员配量。

应有专门的机构负责 LNG 加气站的安全技术管理；应配备专业技术管理人员；岗位操作人员均应经专业技术培训，经考核合格后方可上岗。

（2）技术管理。

建立健全 LNG 加气站的技术档案。加气站的技术档案包括前期的科研文件、初步设计文件、施工图、整套施工资料、相关部门的审批手续及文件等。制定各岗位的操作规程，包括 LNG 罐车操作规程、LNG 加气机操作规程、LNG 储罐增压操作规程、BOG 储罐操作规程、消防操作规程、中心调度操作规程、LNG 进（出）站称重计量操作规程等。

（3）做好 LNG 加气站技术改造计划。

2. 安全管理（生产）

（1）做好岗位人员的安全技术培训，做好岗位包括 LNG 加气站工艺流程、设备的结构及工作原理、岗位操作规程、设备的日常维护及保养知识、消防器材的使用与保养等，都应进行培训，做到应知应会。

（2）建立各岗位的安全生产责任制度，设备巡回检查制度，建立各岗位的安全生产责任制度，这也是规范安全行为的前提。如对长期静放的 LNG 应定期倒罐并形成制度，以防“翻滚”现象的发生。

（3）建立符合工艺要求的各类原始记录。包括车记录、LNG 储罐储存记录、控制系统运行记录、巡查记录等，并切实执行。

（4）建立事故应急抢险救援预案。预案应对抢救的组织、分工、报警、各种事故（如 LNG 少量泄漏、大量泄漏、直至着火等）的处置方法等，应详细明确。并定期进行演练，形成制度。

（5）加强消防设施的管理。重点对消防水池（罐）、消防泵、干粉灭火设施、可燃气体报警器、报警设施要定期检修（测），确保其完好有效。

（6）加强日常的安全检查与考核。加强日常的安全检查，通过检查与考核，规范操作行为，杜绝违章操作，克服麻痹思想。

3. 设备管理

由于 LNG 加气站的生产设备（储罐、加气设备等 ）均为国产，加之规范的缺乏，应加强对站内生产设施的管理。

（1）建立健全生产设备的台帐、卡片、专人管理，做到帐、卡、物相符。LNG 储罐等压力容器应取得《压力容器使用证》；设备的命名用说明书、合格证、质量说明书、工艺结构图、维修记录等，应保存完好并归档。

（2）建立完善的设备管理制度、维修保养制度和完好标准，建立完善的设备管理制度、具体的生产设备应有专人负责，定期维护保养。

（3）强化设备的日常维护与巡回检查。

4.3 加油站安全管理

随着国民经济的迅速发展和城镇人民生活水平的不断提高，我国汽车拥有量出现了高速增长势头，汽车加油站数量不断增加。由于汽车加油站收发各种牌号的车用汽油、柴油、机油、润滑油等易燃或可燃物品，而且加油站多设于交通发达的黄金地段，车辆、人员往来频繁，火灾危险性极大，防火防爆工作尤为重要。

4.3.1 加油站平面布置安全要求

1. 加油站的功能区域划分

加油站根据其使用性质不同，一般将总平面分成四个功能区域。加油区、油罐区、营业区和辅助区。

2. 合理确定安全间距

在加油站平面组合时，既要满足经营和作业功能的要求，又必须符合安全防火规定，满足防火距离要求。

3. 加油站内主要设施布置的安全要求

隔绝一般火种及禁止无关人员进入，以保障站内安全。车辆进出口分开，站内车道满足要求。加油岛符合设计要求。

4.3.2 加油站工艺设施安全要求

1. 加油站卸油工艺

加油站油罐车卸油必须采用密闭卸油方式，即加油站的油罐必须设置专用进油管道，且向下伸至罐内距罐底 0.2m 处，并采用快速接头连接进行卸油。罐车人孔在卸油时要求处于封闭状态。密闭卸油主要优点是可以减少油品蒸发损耗，减少油蒸气有毒成分对员工健康的影响，同时也可以减少对空气的污染，更重要的是防止由于油蒸气的存在而发生火灾爆炸事故。

2. 加油站加油工艺

（1）潜油泵加油工艺。

加油站宜采用油罐内部安装潜油泵加油工艺。与自吸式加油机相比，其最大特点是：油罐正压出油、技术先进、加油噪音低、工艺简单，一般不受油罐液位低和管线长等条件的限制。

（2）自吸式加油机加油工艺。

为保证加油机正常吸入油品，当采用自吸式加油机时，每台加油机应按加油品种单独设置进油管。在安装管路时还必须考虑坡向、距离等要求。

4.3.3 油罐设置的安全要求

1. 加油站油罐的设置

汽车加油站的储油罐应采用卧式钢制油罐，其罐壁有效厚度不应小于5 mm。

考虑安全、减少油品蒸发等因素，汽油、柴油罐应采用直埋铺设，严禁设在室内或地下室内。油罐外表面应采用不低于加强级的防腐保护层。当油罐受地下水或雨水作用时，要采取防止油罐上浮的措施。建在水源保护区的直埋油罐，应对油罐采取防渗漏扩散的保护措施。油罐人孔应设操作井，以方便检修操作。

2. 油罐通气管的设置

考虑清罐、卸油的相互作用每座油罐都应安装一根通气管。通气管上方应安装一只行之有效的阻火器，安装尺寸必须符合相关要求。

4.3.4 加油站的火灾危险性分析以及预防

1. 火灾危险性

（1）油品的火灾危险性。

加油站主要储存有车用汽油、柴油、机油、润滑油等。少则十几吨，多则几十吨，甚至上百吨，这些易燃、可燃液体，具有很大的火灾危险性，一旦发生火灾爆炸事故不易扑救。汽车油罐车向地下油罐卸油的过程属于火灾危险的操作过程。油罐破裂泄漏或阀门管件等处密封不严会造成油品泄漏，蒸汽扩散。油罐内可形成爆炸性气体混合物。

（2）加油设备的火灾危险性。

油罐的清洗与检修中的危险。当加油站内的油罐需换储另一种油品和拆除油罐时，都必须对油罐进行清洗，如清洗方法不当，或清洗不合格即动火焊割，则极易造成爆炸火灾。加油站随着经营时间的增长，加油设备缺乏维修，电气线路老化，静电导除不良，设备容易出现跑冒滴漏，不安全因素增多，如果不及时消除，容易发生火灾。

（3）各种点火源存在的危险性。

① 着火源多。不管何种加油站，周围环境都比较复杂，受外部着火源的威胁都较大，如相邻建筑（构）物烟囱的飞火，邻近单位的火灾，频繁出入的车辆，人为带入的火种，燃放烟花爆竹散落的火星及雷击等，均可成为加油站火灾的火源。

② 静电火源。是在卸油和加油作业过程中逐渐形成的，难以防范和控制。在汽车加油站形成的主要静电火源是油罐车卸油过程中或加油过程中形成的。如果地下油罐的进油管未伸至罐底或进油管端型式不当，而产生剧烈湍动、喷溅；输油管线与槽车、地下罐之间没能进行电路导通；油品输送速度过快等操作，都有发生静电火花引燃的危险。另外，汽车行驶过程中人体活动过程中会形成静电火源；电装置损坏缺乏检修，也会形成静电火源等。

2. 加油站的防火对策

（1）依法建立健全组织制度。设立防火安全委员会或防火工作领导小组，全面领导并推动加油站消防安全工作。制定加油站的逐级岗位防火安全责任制，建立一整套切实可行的，责任明确的管理制度。将消防安全责任层层分解，落实到每一个人员身上。

（2）加强教育培训，培训专业化管理队伍。通过系统的培训，提高加油站从业人员特别是加油工、装卸工等特殊工种人员的专业技能和消防意识。

（3）建立安全应急管理机制，实行综合防治。建立预防预警机制，主要包括各种预防预警信息，如事故隐患信息，常规监测数据，人员组成与指挥，报警联络等；预防预警行动，如预防预警的方式方法、渠道以及加油站自查与安监部门的监督检查措施等；预警的支持系统，如报警联动组织及方式，与预警相关的技术支持力量，信息的反馈与落实等。建立切实可行的应急救援与保障机制，主要包括组织指挥体系，应急响应程序。建立安全风险评价机制，主要包括两大类：安全工作的预评价和生产、储存、使用过程中的安全评价。加强灭火演练工作。加油站应根据自身的特点，详细制定灭火、应急疏散预案，每年进行全员演练，必要时可请当地消防中队配合消防演习。

（4）加强对加油站的监督检查。只有通过行之有效的防火安全检查，才有可能及时发现火灾隐患，及时加以整改。这一方面要求加油站的经营单位对防火工作有高度认识、高度责任心和自觉性，开展经常性的自检自查，及时发现和整改火灾隐患，同时消防、工商、安监等相关部门通力合作，加大执法监管力度，把好审批验收关，杜绝违法经营或带隐患经营的加油站出现。定期对加油站进行安全评价与检查，形成一个完整的由日常检查、专项抽查、稽查、暗访等多种方式构成的监督检查体系，监督企业落实防火责任制，及时发现和整改火灾隐患。

4.3.5 加油站防雷工程技术

近年来，随着我国国民经济的快速发展、交通基础设施的不断改善和机动车保有量的快速增加，加油站已成为人民生活中不可或缺的设施。对发展城市交通、方便人民生活发挥了重要作用。但加油站的雷电、静电事故灾害逐年上升，直接威胁加油站设施及周边人员和建筑物的安全。

1. 加油站的位置特性及雷电隐患

（1）地理位置。加油站通常设在城区开阔地带或郊区、山区、乡村、高速公路等道路边的开阔地带，所属环境为雷电高风险地区，至少应按三类防雷设计，油罐区应按一类建筑物进行雷电防护。要求外露罩棚平顶，不宜过高、过大，金属罩棚注意网格密度和可靠连接。

（2）电源系统防雷电保护缺失。一般加油站的380 V交流电线路是由架空线接入至站区附近再埋地引入建筑的，部分加油站线路由10 kV电力线架空接入，经变压器后再埋入建筑。在乡村和山区有的根本没有埋地措施，因此非常容易感应雷电电磁脉冲。虽然有的加油站在供电线路安装了一 级电涌保护器（SPD），但往往由于级数不够、人工接地体阻值过大、接地线太长或连接不可靠等原因不符合规范，严重影响防雷效果，使防雷保护器形同虚设。

（3）等电位连接不良。等电位连接是防雷电的重要措施。油罐的罐体、金属构件及呼吸阀、量油孔等金属 附件，电力电缆外皮和瓷瓶铁脚，装在油罐上的信息系统的配线电缆外皮，加油机地脚螺钉等均应与接地系统做可靠的电气连接。加油站高出地面的量油孔、通气管、放散管、阻火器和路灯等附件，有可能遭受直击雷或感应雷的侵害，应当相互做良好的电气连接并与油罐的接地共用一个接地装置，给雷电提供一个泄入大地的良好通路。

加油站由于静电引起的事故时有发生，一定要引起高度重视。2011 年 1 月 12 日河北省廊坊市和平路一中石化加油站发生起火爆炸事故，其事故原因就是在油罐车卸油完毕后，由于静电火花引起油罐车车尾部着火，火势蔓延造成加油站一部加油机烧毁及加油站顶棚设施损毁，所幸未殃及地下储罐，人员也未造成伤亡。

2. 强化加油站防雷措施

（1）设计阶段。

针对加油站建（构）筑物、油罐区、接地网及信息信号系统分别进行设计，严格依据规范要求出具接地标准图，为后期的规范施工和竣工验收提供准确依据。

（2）施工阶段。

加油站的防雷施工必须由具备资质的单位实施，施工过程中应按图纸施工，关键施工环节应设立质量控制点，做好隐蔽工程和验收，保留图片、文字等资料，不合格的工序绝不能进入下一步施工。

（3）验收阶段。

验收环节应制订详细的验收方案，在投产前应请具有资质的检测部门进行防雷检测，检测报告应存入工程项目档案，验收中发现的不符合项，要定期整改，把隐患消灭在投产之前。

（4）运营阶段。

在加油站运营中，认真做好加油站防雷设施的日常运营维护工作，进行定期检测，确保防雷防静电设施完好。对于收购的加油站，鉴于这些项目在施工及验收中存在不规范之处，是当前加油站防雷管理的薄弱环节。

4.3.6 加油站安全操作规程

加油站主要有加油作业、卸油作业和计量作业三大类。

1. 加油作业中应注意的安全措施

（1）禁止向非金属容器加注易燃油品。

（2）禁止在加油站内从事可能产生火花的作业。如：不准检修车辆；不准敲击铁器；不得在加油区脱、拍打化纤衣物；带有火药、爆竹、液化气、生石灰块、乙炔石等易燃易爆品的车辆不允许进站加油。

（3）所有机动车须熄火加油。摩托车加注过程中要求顾客下车后才能加油，加油结束后必须保证摩托车推离加油机 5 m 以外方可启动。农用机动车加油也须注意排气管是否喷火，需要时可用铁桶提到站外给其加油。

（4）尽量做到随车人员不下车，司机、随乘人员进站后不得从事影响安全的活动。如：不得吸烟；不使用手机；不得进入油罐区或中控机房；特别是不得在加油枪口附近脱、拍打化纤衣物。

（5）不能给存在明显隐患的车辆加油。

（6）加油操作时要严格执行操作规程，杜绝误操作，防止加冒油、喷洒油现象的发生。

2. 卸油作业中应注意的安全措施

卸油作业各地情况不同，具体作业人员也不尽相同。一般是由专兼职计量员进行，有时也须加油员协助配合。卸油作业中除规定的交接、计量验收等操作规程外，应该注意的安全防范方面的措施强调以下几点：

（1）油罐车进站后，立即检查其安全设施，如灭火器材、排气管防火帽等是否齐全有效。

（2）连接好静电接地线，接线夹连接罐车金属部位，其位置须离卸油口 1—2 米以上；在卸油场地按规定备好消防器材（一般规定设置推车式 35 kg 干粉灭火器）；警示标志到位；油罐车须经静置 15 min 后方可计量接卸。

（3）卸油时，应通知当班加油员，与卸油罐相连的加油机停止加油。

（4）不带油气回收装置的油罐车卸油时，须注意卸油场地上的风向，若下风口朝向加油区，应提醒加油员注意，必要时可停止加油。

（5）注意油罐的存油量，防止卸油时发生跑冒油事故。

（6）坚决杜绝采用将卸油管直接与计量孔连接进行卸油方法。

（7）卸油员（计量员、协助卸油的加油员）和司机应在现场监护，严防火种接近卸油现场，油罐车不得随意启动和移动车位。

（8）雷雨天禁止卸油作业。

（9）若储油罐中油品在卸油管出口以下，卸油速度要保持在 0.7 ~ 1 m/s，油品淹没出油口后可提高到 4.5 m/s。

（10）卸油结束，油罐车不可立即启动，应待油罐车周围油气消散后（约 5 min）再启动；储油罐中油位的检测也应在静止一段时间（约 20 min）后再进行。

3. 油品计量操作应注意的安全措施

计量员在从事储油罐、油罐车的油品计量操作时，除应严格执行相应的操作规程外，还应注意以下安全措施：

（1）打开储油罐计量口盖时不可面对计量口盖，须等待一段时间（一般为5 min），进入操作并实施操作时也要注意不可距计量口盖过近，以防吸入过量油气，导致中毒。

（2）取样器的提绳必须是加入导静电材料的纯棉制品。

（3）计量员上岗操作时必须着装防静电服，防静电鞋。

（4）计量操作现场必须按规定配备消防器材、灭火器。

（5）计量取样的油品测量完成后，应倒入储油罐，不可敞口保存；必须保存的油样，应加盖、密封，存放在专门的样品柜中。并定期回罐。

（6）严禁未经正规培训，或未取得上岗证书的人员，实施计量操作；这属于违规操作，站长安排则属于违章指挥。

4. 加油站作业现场安全监控

加油站站长除要求加油员、计量员本身应严格遵守安全操作规定外，还应规定所有现场作业人员均负有监控加油区内、外部人员、车辆的责任。发现不安全行为（现象），应立即制止或采取措施消除危险，并立即上报。加油站作业现场安全监控的内容如下：

（1）一般应禁止无关人员从加油区内穿行、逗留。发现时应劝阻。

（2）进站加油车辆，除司机或结算油款人外，一般不得下车；长途客车上的旅客下车方便，车应停在加油区外。出现异常应立即制止。

（3）加油员要注意防止司机在加油区内修理车辆，发现苗头立即制止。以防出现已修上无法动车，不让修车也无计可施的局面。

（4）加油时注意司机不要在加油枪口附近逗留或闲谈，应离开加油枪口2区距离之外。

（5）防止外来人员在加油区内使用手机、普通手电照明等情况发生。需要时可提供本站配备的防爆手电；或让其到营业房或站区外接打手机。

（6）禁止外部车辆停在油罐区或附近，禁止外部人员进入该区。

（7）对进站加油车辆出现的安全隐患注意观察（如排气管喷火星、油箱漏油、电气线路打火、搭铁线打火、装载货物冒烟等），发现情况及时采取措施。

4.3.7 加油站常见事故预案

1. 加油站车辆事故应急处置预案

（1）进站加油车辆在行驶过程中，发生撞伤人员情况后应立即抢救伤员，并启动《加油站人员伤亡应急预案》。

（2）发生撞坏设备、设施，应首先留住车辆，记住车号。

（3）事故发生后，立即汇报公司主管领导及122交通事故处理部门，做好现场保护等待调查处理。

（4）若破坏设备发生油品泄漏，按照相关设备油品泄漏事故处理。

2. 物体及员工高空坠落伤人应急救援预案

（1）加油站经理启动加油站物体及员工高空坠落伤人应急救援预案程序。对外联络员立即拨打120急救电话，同时向站长或上级领导汇报。

（2）如伤者出血，抢险员应迅速对出血部位，用急救包进行简单包扎止血。

3. 加油站计量纠纷应急处置预案

（1）顾客对油品数量提出异议时，现场加油员应礼貌接待并向加油站经理报告。

（2）加油站经理立即核实数量，如确实缺少应立即补给，并向顾客道歉，作好记录；处理问题要做到实事求事、合情合法、有礼有节；如数量不缺，应对顾客给予耐心解释，不能补油，并作好记录。

（3）如超出站经理职权范围，不得擅自代表公司做出承诺，应立即向公司加油站管部门汇报。应注意在任何情况下都不得与顾客发生争执，不得扩大事态。

（4）如数量确实缺少，应对底阀状况、油罐内液位的变化、管线是否渗漏进行检查。同时申请计量检测部门对加油机进行检定、校准。

（5）及时向分公司仓储安全部门书面报告有关情况，并做好相关记录。

4. 加油站质量纠纷应急处置预案

（1）顾客对油品质量提出异议时，现场加油员应认真对待，向顾客礼貌解释并立即向加油站经理汇报。

（2）加油站经理应自行停止该罐油品的加油业务，及时取样、备查。

（3）加油站经理与质量监督员现场检查油品颜色、气味和挥发性，并与加油站留取油样进行比较。

（4）检查后，若确定质量确实有问题，立即报告仓储安全部门，作好记录。同时仓储安全部门立即将所取样品送油库化验室进行内部化验。

（5）技术监督部门化验结果与本公司化验单进行对比，化验不合格的由仓储安全部门依据质量技术监督部门鉴定结果进行评审，提出让价、回收或赔偿的处置建议，并报主管领导批准，同顾客协商处理办法，进行处置。

（6）如质量合格应耐心向顾客解释，礼貌送客。

（7）对顾客的答复时间不超过72小时。

5. 油罐渗油造成大面积污染应急救援预案

（1）加油站经理（值班经理）启动加油站油罐渗油造成大面积污染应急救援预案程序。加油站停止营业，值班经理迅速对所有储油罐分别进行计量，核对库存数量，确认渗漏油罐和渗漏数量。

（2）加油站经理或值班经理向上级汇报，制定可行方案。

（3）抢险队员将渗漏油罐内余油清出，挖开渗油罐周围覆土，查找渗漏点，而后采取可靠的补漏措施。

（4）如渗漏较严重已造成大面积污染时，应在大于污染区外适当的地方挖开隔离带进行防控，必要时应通知附近居民群众注意人畜饮水安全，将污染区内土质全部替换并要求政府有关部门帮忙对加油站周围地下水源采样化验。

（5）如空气中含有大量油蒸气，通讯、警戒人员应尽快组织附近或下风向的居民群众撤离，同时报告政府有关部门对加油站周围或下风向的各种火源进行控制，防止引发火灾爆炸事故。

（6）对跑油区进行警戒，控制人员及车辆进出。

（7）派人检查防火堤是否严密，对破裂管线或法兰进行打夹、紧固，并及时安装有关抢救设备，保证油品回收；对流散油品实施引导、堵截，减少扩散面积；对油浸过的地面用沙土覆盖；集中灭火器材和消防人员，做好随时灭火的准备。

（8）确保人员安全防护工作，搞好换班接替，防止油气中毒；人员着装、设备、工具使用必须符合防火防爆、防静电的要求。

6. 油气中毒应急救援预案

（1）加油站经理（值班经理协助）启动加油站油气中毒应急救援预案程序。如在储油罐发生人员中毒时，对外联络员应立即拨打120急救电话。

（2）抢险人员准备施救，但施救人员不要急于进罐救人，要戴好防护面具，腰上要系好安全绳，另一头拴在罐外固定物体上，在有他人现场监护的情况下，快速进入罐内将中毒人员抱或拖至罐口处，用绳索先将中毒者拉出（注意不要擦伤被救人员的皮肤）。

（3）将中毒者置于阴凉通风处平躺身体，进行人工呼吸待其慢慢清醒并速送医院抢救。

（4）如在卸油作业或跑冒油现场发生中毒现象，应迅速将中毒者移送到上风处，让其呼吸清新空气慢慢清醒后送医院医治调理。

4.4 输油站安全管理

输油站场输送的是原油和成品油等流体，这些流体具有易燃、易爆、易挥发以及容易产生静电积聚的特性。输油站场输送、储存着大量油品，各种工艺操作频繁，一旦输油站场发生事故，泄漏的油气不仅污染环境，还可能引发燃烧、爆炸等恶性事故，造成财产损失和人员伤亡。当油品大量泄漏时，对水源和土壤的污染会对公众健康和自然环境造成长期难以弥补的影响。提高输油站场的安全管理水平，是保证输油管道安全运行，提高企业的综合效益及竞争能力的重要手段。输油站场事故产生的根本原因是事故故障、操作失误、腐蚀、施工不合理和管材质量问题以及外部干扰等，可能发生的事故有人为的操作失误、设备失灵、设备腐蚀引起的泄漏事故，静电和火源等引起的火灾爆炸事故，设备漏电及操作引起的触电事故等；设备运行噪音对操作人员造成听力及神经系统损伤，站场设备机械事故也会对操作人员造成伤害。

4.4.1 输油站总体工艺流程

1. 输油首站工艺流程

首站工艺流程应能完成下列功能：接受来油，计量后储于罐中。进行站内循环或倒罐；向下站正输、反输；收发清管器；原油预热。输油首站工艺流程图如图4－2所示。

首站输油的特点之一是必须设置专门的计量装置，因为首站有接收来油和发油的任务，必须计量收发油量。目前，普遍采用浮顶罐计量，这就要求首站应设有足

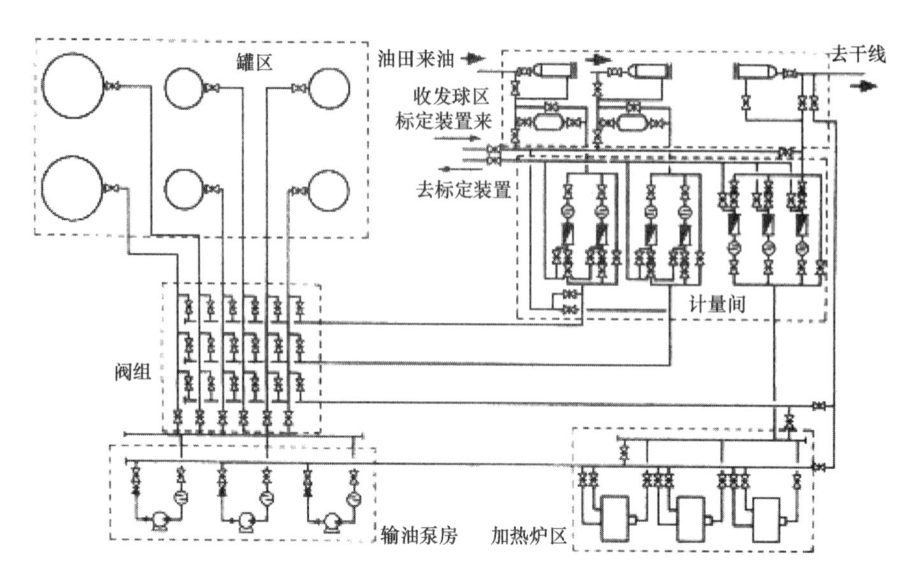

图4－2　输油首站工艺流程图

够的油罐，一般至少3个，其中一个计量来油，另一个计量发油，最后一个用作静罐计量，以便倒换，3个罐互为备用。首站输油的另一个特点是因首站是全线的龙头，要保证输油连续进行，除了不断给油品加压、加热外，还必须要求首站有相应容量的储罐，以确保输油生产的正常进行。

输油首站一般有7种流程：来油与计量、正输、倒罐、站内循环、热力越战、反输和收发清管器流程。

正常生产时，采用来油和计量以及正输两个流程；在加热炉发生故障或夏、秋季地面温度较高，经核算不经加热仍可正常输油时，可采用热力越站流程；站内循环流程是在站内试压及管道发生事故时采用；反输流程是在投产前的预热、部分管段发生故障以及输量较低的情况下采用；收发清管器流程是在投产初期清理管内脏物、投产中期清蜡以及保证成品油计量时采用。

2. 输油中间站工艺流程

中间（热）泵站的工艺应具有正输、压力（热力）越站、全越站、收发清管器或清管器越站的功能，根据需要还可以设置反输功能。中间加热站的工艺应具有正输、全越站的功能，也可在必要时设反输功能。

输油中间站的流程应根据不同的输油方式选用，还需根据输油全线的需要采用相应的流程。当全线流量较小时，可采用压力越站流程；夏、秋季地面温度较高时，可尽量降低热负荷，如减少加热炉台数或采用热力越站流程，以节省燃料消耗。由于采用“旁接油罐”方式中间站油罐较少，所以要尽量保证油品进出量的平衡，否则会影响正常输油生产。“旁接油罐”输油中间站工艺流程如图 4－3 所示。

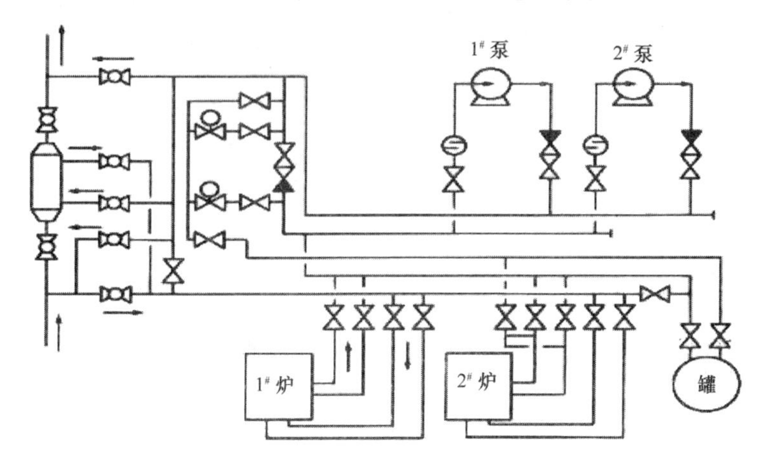

图 4－3　某输油中间站流程图

3. 输油末站工艺流程

输油末站站内工艺应具有接收上站来油、储存或不进罐经计量后去用户、接收清管器以及站内循环的功能，必要时应具有反输的功能。

输油末站往往设在炼厂油库或是转运油库，或两者兼有。如果输油末站是设在水陆转运油库，其流程就比较复杂；但对于炼厂油库，其流程就比较简单。输油末站具有的功能特点：一是收油和发油要计量；二是要设有足够容量的储油罐。输油末站工艺流程如图 4－4 所示。

输油末站一般设有 4 种流程：收油、发油（包括装车、装船及管路运输）、倒罐以及接收清管器流程。正常生产时采用收油和发油流程，并要进行计量。

4.4.2　输油站场主要危险因素分析

1. 输油站场的火灾危险性

油品在储运过程中的泄漏易造成火灾爆炸事故，导致人员伤亡、设备损坏及破坏环境。油品为易燃易爆液体，且处于高压状态下，如发生“跑、冒、滴、漏”事故时，遇火源瞬间便会形成大范围火灾，蔓延速度很快，燃烧极其猛烈。一旦发生火灾，将导致生产装置、建筑（构）物遭到破坏，发生破裂、变形或坍塌，造成严

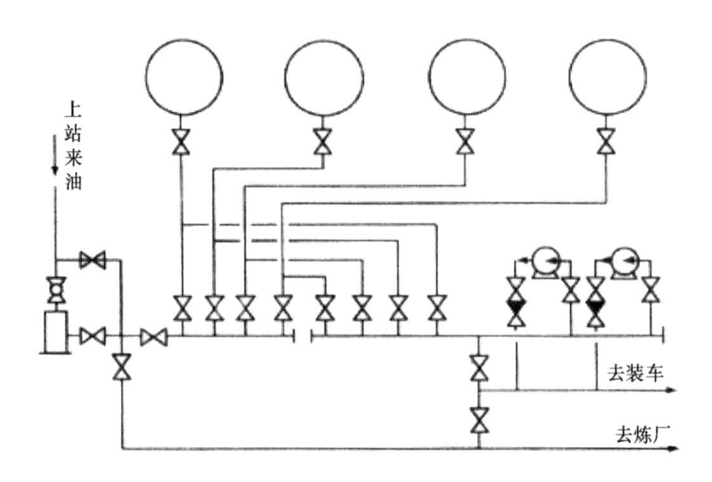

图4-4　输油末站工艺流程

重经济损失，甚至造成人员伤亡、环境破坏。在密闭高压条件下，油品的火灾事故极易发展成为爆炸事故。

（1）由于生产装置出现“跑、冒、滴、漏”事故，使得油品从设备的连接点、管道的连接部位、阀门等处的破裂点位泄漏出来，其蒸气与空气形成混合气体，达到爆炸极限时，遇到明火即发生火灾、爆炸，爆炸时产生的冲击波、高热会破坏生产设备，导致火灾迅速蔓延扩大，造成人员伤亡。

（2）输油设备和管道内部压力超过输油系统的耐压强度时，可能会造成管道等设备损坏，伴随油品的渗漏，可能会发生爆炸。

（3）阀、泵相连接的法兰如果不严密或受到破坏，造成原油泄漏在建筑物内形成爆炸性气体，遇明火就有可能发生爆炸。

2. 电气伤害危险性

电气伤害是电能作用于人体造成的伤害，电气伤害事故以触电伤害最为常见。造成电气伤害的电危害源主要包括带电部位裸露、漏电、雷电、静电、电火花等。电气系统危险性主要为大气过电压及操作过电压、电气设备外壳漏电产生的电击人身事故；生产设施配套的各类电气设备、电气开关、电缆敷设可能因接地、接零或屏护措施不完善、防护间距不够、耐压强度低、耐腐蚀性差等原因造成漏电导致触电伤人事故。

电气火灾事故的原因包括电器设备缺陷或导线过载、电气设备安装或使用不当等，从而造成温度升高至危险温度，引起设备本身或周围物体燃烧、爆炸。在易燃、爆炸危险环境中，设置有防爆电机、电控阀门、仪器仪表、照明装置及连接电气设施的供电、控制线路等。这些设施一旦发生火灾或故障，将引起火灾爆炸安全事故。

3. 雷电危害

雷电危害具有很强的破坏力。厂房建筑等因防雷接地措施不完善也会发生雷电伤害事故。雷电产生的危害事故主要有以下几个方面：

（1）直击雷放电、二次放电，雷电流的热量均可能引起火灾和爆炸。

（2）雷电的直接击中、金属导体的二次放电、跨步电压的作用会引起火灾爆炸的间接作用，均会造成人员的伤亡。强大的雷电流、高电压可导致电气设备击穿或烧毁。雷击可直接毁坏建筑物和电气设施。变压器、电力线路等遭受雷击，可导致大规模停电事故。

（3）静电伤害。原油为火灾危险性液体，在输送过程中，不可避免的要受到摩擦而产生静电，并会积蓄到高电压，容易产生静电火花引起爆炸和火灾，此外人体活动也能产生静电。

4. 其他伤害

（1）机械伤害。

管道输送其原动力为各种形式的泵、电动机等。泵机的联轴器等传动设备存在着机械伤害的危险。如果上述机械传动部分的安全防护设施不完善或者安全距离不够，人体则可能受到伤害。

（2）管线腐蚀和管线破裂。

地上管道受到大气中的水、氧、酸性污染物等物质的作用而引起大气腐蚀。埋地管道所处土壤环境，会造成管道的电化学腐蚀、化学腐蚀、微生物腐蚀、应力腐蚀和干扰腐蚀。腐蚀减薄管的壁厚，导致变形或破裂，也有可能导致管道穿孔，引发漏油事故。

（3）毒物危害。

原油是以链烃为主的混合物，其高浓蒸气对人体有一定危害作用，严重时可造成窒息甚至死亡。

（4）噪音危害。

泵机组、加热炉及各种设备运行时产生的噪音，可能对周围环境及人体健康产生影响。在原油输送过程中产生噪音的设备主要有：各种泵、电动机、加热炉及调节阀等。在上述设备生产岗位的操作人员均有不同程度的噪音危害。噪音作用于人体的神经系统，从而诱发许多疾病，使人体疲劳，降低劳动生产率，影响安全生产。

4.4.3 输油站场设备安全管理

1. 输油泵的安全管理

以离心泵为例，其常见故障及对应的处理方法见表4－3。

表4－3 离心泵常见故障及其处理方法

故障现象	产生故障原因	处理方法
泵灌不满	1. 底阀关闭不严，吸液管路泄漏 2. 底阀损坏	1. 检修底阀和吸液管路 2. 修理或更换底阀
真空表指示高度真空	1. 底阀开启不灵或滤网部分淤塞 2. 吸液管阻力太大 3. 吸入高度过高 4. 吸液部分浸没深度不够	1. 检修底阀或清洗滤网部分 2. 清洗或更换吸液管 3. 适当降低吸液高度 4. 增加吸液部分浸没深度
真空和压力表指针剧烈跳动	1. 开车前泵内灌液不足 2. 吸液系统管子或仪表漏气 3. 吸液管没有浸在液中或浸入深度不够	1. 停车将泵内液体灌满 2. 检查吸液管内和仪表，并消除漏气处或堵住漏气部分 3. 降低吸液管，使之浸入液中有一定深度
压力表有压力，排液管无液体	1. 排液管阻力太大 2. 塔内操作压力过高 3. 叶轮转向不对 4. 叶轮流道堵塞 5. 泵的扬程不够 6. 排液管路阀门关闭	1. 清洗排液管或减少管路弯头 2. 与操作工联系，调整塔内压力 3. 调换电动机接线 4. 清洗叶轮 5. 调换高扬程泵将泵串联使用 6. 打开排液阀门
流量不足或不吸液	1. 密封环径向间隙增大，内漏增加 2. 叶轮流道堵塞，影响流通 3. 吸液部分阻力太大，如滤网部分淤塞、弯头过多、底阀太小等 4. 吸上高度过大 5. 吸液部分浸没浓度不够，有空气进入 6. 吸液部分密封不严密 7. 吸液管安装不正确，使管内有聚积空气的地方存在	1. 检修密封环 2. 清洗叶轮流道 3. 清洗滤网，减少弯头和更换底阀 4. 降低吸上高度 5. 增加吸液部分浸没深度 6. 检修吸液部分各联接处密封情况，拧紧螺帽或更换填料 7. 重新安装吸液管

续表

故障现象	产生故障原因	处理方法
流量不足或不吸液	8. 排液管阻力太大，或出口阀门开的不够 9. 塔内操作压力过高 10. 输送液体温度过高，泵内产生气蚀现象，不能连续出水 11. 泵的流量偏小	8. 清洗管子，或适当开启出口阀门 9. 与操作工联系，调整塔内压力 10. 适当降低输送液体的温度，降低泵的安装高度，留有允许气蚀余量 11. 更换大流量泵
填料函漏液过多	1. 填料磨损 2. 填料压得不紧 3. 填料安装错误 4. 泵轴弯曲或磨损	1. 更换填料 2. 拧紧填料压盖或补加填料 3. 重新安装填料 4. 修理或更换泵轴
填料过热	1. 填料压得太紧 2. 填料内冷却水进不去 3. 轴和轴套表面有损坏	1. 适当放松填料 2. 松弛填料或输液管填料环孔是否堵塞 3. 修理轴表面或更换轴套
轴承过热	1. 轴承内润滑油不良或油量不足 2. 轴已弯曲或轴承滚珠失圆 3. 轴承安装不正确或间隙不适当 4. 泵轴与电动机轴同轴度不符合要求 5. 轴承已磨损或松动 6. 平衡盘失去作用	1. 更换合格新油，并加足油量 2. 检修或更换零件 3. 检查并加以修理 4. 重新找正 5. 检查或更换轴承 6. 检查平衡是否堵塞，检修平衡盘及平衡环，两者应相互平行并使其分别与泵轴垂直；更换平衡环或平衡盘
振动	1. 叶轮磨损不均匀或部分流道堵塞，造成叶轮不平衡 2. 轴承磨损 3. 泵轴弯曲 4. 泵体的密封环、平衡环等与转子吻合部分有摩擦 5. 转动部分零件松弛或破裂 6. 泵内发生气蚀现象 7. 两联轴器结合不良 8. 地脚螺栓松动	1. 对叶轮作平衡校正或清洗叶轮 2. 修理或更换轴承 3. 校直或更换泵轴 4. 消除磨擦同时保证较小的密封间隙 5. 检修或更换磨损零件 6. 消除产生气蚀原因 7. 重新调整安装 8. 拧紧地脚螺帽

输油泵是输油站的关键设备，它主要以压力能的形式给油品提供能量。用于长

输管道的输油泵有离心泵和往复泵两类。离心泵自吸能力差，大排量的离心泵要求油品正压进泵。离心泵的工作特性和效率大小受油品黏度影响较大。因此，离心泵适用于输送低黏度油品。在离心泵入口处油品压力小于同温度下的油品饱和蒸汽压时会发生汽蚀现象，产生噪音和振动，严重时泵无法正常工作。离心泵可用电动机或燃气轮机等高转速动力机直接驱动，效率可达80% ~86%，是输油管道的主要类型。往复泵的排量与每分钟的冲程有关，与扬程无关；扬程的大小仅受设备强度和动力的限制，在容许范围内，可随管道摩擦阻力而定；往复泵自吸能力好，因此适用于输送高黏油品，或用于易凝油品管道停输后的再启动。

2. 输油加热炉的安全管理

为减少油品流动损失，防止油品凝固等，输油站有时需要设置加热炉。常用的油品加热方法有：油品在加热炉炉管内受火焰直接加热，当输油中断时，油品在炉管中有结焦的可能，易造成事故；用蒸汽或其他热媒作中间热载体，在换热器中给油品间接加热；利用驱动泵的柴油机或燃气轮机的排气余热或循环冷却水加热油品。加热炉异常现象分析和处理方法见表4－4。

表4－4 加热炉异常现象分析和处理

现象	原因分析	处理
燃烧不完全	1. 燃油量大 2. 空气量不足 3. 火嘴或火嘴砖结焦 4. 燃油温度过低 5. 炉膛负压过低 6. 炉结构不合理或烟道阻力大	1. 关小燃油阀门 2. 开大一次或二次风阀 3. 清焦并调节火嘴 4. 升高燃油温度 5. 开大烟道挡板 6. 改进结构或清理积灰和杂物
烟筒冒白烟	1. 喷油管或喷嘴堵塞不畅通 2. 蒸汽或风量过大 3. 燃油温度过高或油量过少 4. 掺水燃烧时掺水量过大或乳化不良	1. 清理检修喷嘴 2. 关小气阀或风阀 3. 降低燃油温度或开大供油阀 4. 降低掺水比例
燃烧不稳定	1. 油压波动 2. 风压或蒸汽压力不稳 3. 掺水乳化不良或掺水量过多	1. 检查来油压力，调节来油阀 2. 调节风量或蒸汽量，检查风机等 3. 检查簧片哨，调节压差，降低掺水比例

续表

现象	原因分析	处理
出炉温度突然上升	1. 排量突然下降 2. 炉内产生偏流或气阻	1. 适当压火或停炉，全面检查 2. 压火，加大高温炉管流量
炉墙缝及火孔处冒烟、火嘴打枪	1. 炉膛内负压过低或正压过高 2. 喷嘴点太多，燃油量过大 3. 烟道、热水炉、热风加热器积灰太多 4. 炉体和顶板损坏，气密性太差	1. 开大烟道挡板，开操作阀 2. 减少喷嘴数，降低喷油量 3. 压火，停炉后清灰 4. 停炉检修
燃料油压力下降快，不稳定	1. 过滤网堵塞 2. 簧片哨或调节阀堵塞	1. 清理过滤器 2. 检查清理被堵部分

输油加热炉有以下特点：输油量的大小变化基本与加热炉负荷变化无关；输油量大时，应尽可能减小阻力降，可以节省输油功率消耗；由于输油量大，加热炉进油程数多，应注意防止偏流；加热炉操作温度低，一般只能把原油从40℃加热到70℃，油田来油中可能含有盐和泥砂，可能在加热炉管内沉积，会影响加热炉长期安全运行。

3. 储油罐的安全管理

储油罐的安全管理工作是否到位与能否安全有效的保证油品储存关系密切。要正确使用储油罐，就必须熟悉和掌握储油罐及其附件的结构、原理和使用方法。熟练掌握储油罐本身构造、最大储油量、油罐直径和最大储油高度、储油罐的承压能力和呼吸阀的规格、数量以及加热方法等非常重要。

（1）油罐安全高度的控制。

储油罐储油高度应控制在该罐上、下限安全油位范围内，严格控制油位；储油罐储油高度高于泡沫发生器接口位置时，有可能发生罐内油品通过泡沫发生器流出，造成储油罐跑油事故，必须确定储油罐装油时的上限安全高度；同样，储油罐发油时，在保证泵入口吸头需要的前提下，还要确定罐内油品的下限安全高度。

（2）安全阀和呼吸阀的检查。

收发油前要对所有储罐的安全阀、呼吸阀进行检查，保证其灵活运行。对于液压安全阀，应按储油罐的承压能力装入应有高度的油封液体。在冬季，要检查机械呼吸阀阀盘是否冻结失灵，液压安全阀油封液体的下部是否存水冻结。收发油时，要准确测定储油罐内油位，防止溢罐和抽空。

（3）罐底排水。

为防止油品含有水分保证油品质量，要及时进行罐底排水工作。对储油罐底部积水及铸钢阀门在入冬前应检查排水，冬季使用后应及时排水。对凡是易积存水的设备或部位，在入冬前都应检查排水，必要时采取保暖措施，以防冻裂跑油。

（4）防火。

防止储油罐发生火灾是保证储油罐安全的重要措施。因此，在储油罐有油的情况下，严禁储油罐周围使用明火、进行焊接等作业。要防止机动车辆驶入罐区，以免车辆排出的流散烟火引燃罐区油气。必须进行明火作业时，需经上级批准，并有可靠的安全措施，在进行抢维修动火作业时，对动火管段要采取隔离措施，将残留的油品清理干净，保证油气浓度低于爆炸下限的25%，在符合动火条件时方可动火作业。

（5）加热油品的控制。

在加热储油罐内原油时，不能将油品加热到过高的温度（原油罐一般为50℃以下），最高不超过70℃，且比该油品的闪点低20℃，以免含水原油气化溢出罐外。若是用罐的底部蒸汽盘管加热原油，一定要缓慢输入蒸汽，防止盘管因水击而破裂，或因油品局部受热而爆溅。对于长期停用而储存凝油的油罐，加热应采取立式加热器，先将凝油化开后再逐渐升温，防止储油罐因底部加热膨胀而鼓罐。

（6）浮顶罐的检测。

对于浮顶罐而言，使用前应检查浮梯是否在轨道就位，导向架有无卡阻，密封装置是否完好，顶部入孔是否封闭，透气阀有无堵塞等问题。在使用过程中应将浮顶支柱调整到最低位置。要及时清理浮顶上的积雪、积水和污油，保证中央排水管性能完好，防止沉盘事故发生。储存含蜡原油时，要防止结蜡粘合在浮盘上。对每个浮舱应定期检查，防止浮舱遭受腐蚀而导致漏油事故发生。

（7）油罐的防雷电。

储油罐必须设置防雷接地装置，避雷针（线）的保护范围应涵盖整个储油罐。对装有阻火器的甲、乙油品地上固定顶罐，当顶板厚度等于或大于4 mm时，不应装设避雷针（线），但必须设防雷接地装置。浮顶罐、内浮顶罐不应装设避雷针（线），但应将浮顶与罐体用两根导线做电气连接。要保证避雷针稳固可靠，对罐底接地线的接地电阻应及时测定，保证不大于10，否则应及时采取措施，降低接地电阻。因为静电接地要求的电阻值远大于防雷、电气保护接地、防杂散电流等接地系统的接地电阻值，所以当上面涉及的生产设施中接地装置与防雷等的接地系统相连接时，可不采用专用的防静电接地措施。

4. 清管器收发系统的安全管理

为保证输送油品的质量，及时清除管内的铁锈、水分及泥砂等，输油站应设置清管器。

清管器通过的管道两端应设有清管器的发放和接收装置，清管的长度根据清管器的类型、操作方法及管道条件而设定。清管器接收筒上侧有排气阀，下侧有排污阀，还有清管器通过指示器，指示清管器是否已发出和收到。清管器收球前面 1－2 km的干管上安装有信号装置，以预报清管器的到来，做好接收准备。为减轻操作人员的劳动强度，应配有机械化装置进行清管器的收发操作。若采用机械清管器，则应先确定管道的变形程度和管件使用情况，保证清管器的顺利通过，并携带跟踪器，沿线跟踪及时发现是否有“卡阻”情况发生。输油站在清管作业中要保持运行参数的稳定，及时分析清管器运行情况。

4.4.4 输油站场安全试运及安全管理

1. 输油站场的安全试运行

（1）站内管道试压。

在站内高、低压管道系统整体试压前，应使用水或压缩空气将管内杂物清扫干净。不具备清扫条件时，对直径为 529 mm 以上的管道应在满足安全前提下进行清扫、检查。

对站内高、低压管道系统均要进行强度试压和严密性试压，并应将管段试压和站内整体试压分开，避免因阀门关闭不严而影响管道试压稳定要求。

（2）各类设备单体试运行。

输油泵机组试运行：电动机和主泵按要求进行解体检查合格后，泵机组经 72 小时连续试运，其流量、轴功率、各部分温升、振动、窜动等都不应超过允许偏差值。

加热炉和锅炉的烘炉及试运：根据加热炉设计中给出的升温、降温曲线和具体要求按顺序进行。保证炉内各部分缓慢升温，热应力的变化连续均匀；加热炉燃烧系统、温度控制系统的调节、保护措施有效，安全可靠。

油罐试水：按规定对油罐进行装水后的严密性和强度试压以及沉降试验，要求油罐各部件齐全、完整；对计量罐进行标定并编制容积表。

消防系统齐全可靠：变配电系统水源及给排水系统试运行；管道自动化控制系统调试运行。

（3）站内联合试运。

在管道试压和各类单机试运完成后，还需进行站内联合试运。联合试运前，先进行各系统的试运，如原油工艺系统、冷却水系统、供电系统、通讯系统、压缩空气系统、自动控制和自动保护系统等试运。各系统试运完成后，进行全站联合试运。按正常的输油要求进行站内循环，倒换各种流程，观察站内各种工艺流程和设备运行是否正常，是否符合生产条件要求，同时对泵站操作人员进行生产演练和应急预案演练，从而为全线联合试运创造条件。

2. 输油站场的安全管理

（1）工艺运行要求。

① 应按输油计划编制管道运行方案，定期对管道运行进行分析，并对存在问题提出调整措施。对管道所输油品物性的检测每年不少于两次。检测内容应包括所输原油凝点、密度及输油温度范围的黏温曲线。

② 对沿线落差较大的管道，应保证管道运行时大落差段动水压力和停输时的静水压力不超过此段管道的最大许用操作压力。管道运行参数需超过允许值时，应进行相应的论证并提前报企业主管部门批准。应根据管道情况制定事故预案。

③ 根据输量确定运行方案和运行参数，以确保成本最低和管道安全运行。若原油凝点低于管道沿线最低地层温度，应采用常温输送方式。对加降凝剂改性处理后的原油和物性差别较大混合后的原油，在其凝点低于管道沿线最低地层温度5℃时，宜采用常温输送。加降凝剂改性处理原油输送管道不应进行反输。

④ 对输送高含蜡原油的管道应定期分析其结蜡状况，根据油品性质及运行参数等制定管道合理的清管周期。应定期对运行设备进行效率测试，对系统效率进行评价，及时调整和更换低效设备。

（2）操作要求。

应在仪表指示准确、安全保护和报警系统良好、通信线路畅通的情况下进行流程切换。流程操作应先开后关。操作具有高低压衔接的流程时，应先开通低压，后开通高压；反之，先切断高压，后切断低压。在调整全线输量或切换流程时，应及时监控各站油罐液位变化。在变换运行方式或进行流程切换前，根据管道运行情况应考虑对相关各站和设备负荷的影响，并提前采取相应措施。输油站停用时，应按规定时间提前停止加热设备运行。人工进行流程操作时，应执行操作票制度。

（3）设备与管道维护。

① 对新建或检修后重新投用的设备必须按规定进行验收后方可投入运行。应及

时对运行设备进行监控和检查，并记录主要运行数据。设备宜在高效区运行，不应超压、超温、超速、超负荷运行。应按制定的操作流程启、停输油泵。切换输油泵时，应采用先启后停操作方式，启动前先降低运行泵流量。输油泵机组的监视、报警灯保护系统应完好。

② 应按制定的操作规范启、停加热设备。运行中应按时对炉体、附件和辅助系统（燃油和助燃风系统、自控和仪表系统、热媒系统）进行检查。设备运行的各项参数应在规定范围内。应定期对炉体、炉管进行检测，对间接加热设备还应定期检测热媒性能。应减少加热设备在运行和清灰过程中对环境造成的污染。加热设备监视、报警等保护系统应完好。

③ 储油罐的液位应在规定的安全液位范围内；要超出安全液位范围的，应报请上级主管批准，但也不应超过油罐极限液位。

④ 对有特殊用途的调节阀、减压阀、安全阀、高（低）压泄压阀等主要阀门应按相应运行和维护规程进行操作和维护，并按规定定期校验。

⑤ 输油站的电气设备运行管理执行 SY/T6325—2001 规定要求。管道的自动化运行管理执行 SY/T6069—2011 规定要求。

⑥ 输油站消防设施的管理执行《石油天然气钻井、开发、储运防火防爆安全生产技术规程》（SY/T5225—2005）的规定。加热设备运行管理执行 SY/T6382—2009 规定要求。对站内管网必须采取有效的保护措施。对热油和热力管线应进行有效的保温。站内地上管网的外表面应按要求涂刷颜色和标记。应定期维护管网上的阀件和管件，以防锈死或残缺。

（4）密闭输送工艺的安全管理。

密闭输送的关键是如何防止水击问题。在输油工况，阀门的突然开启或关闭、开泵或关泵，供电系统发生故障，设备及管线泄漏、误操作等都可能造成输油工况的不稳定，严重时将发生水击。因此，密闭输油管道的控制与保护技术就是在输油站场对输油压力的调节及对水击的控制，水击保护设施是进行密闭输油的保证。密闭输送要求全线统一调度，各泵站协调动作，因此，全线要求有较高的自动化控制水平。

压力保护系统包括针对超高压和超低压而采取的安全保护措施。超低压会破坏泵的入口条件，超高压则是考虑水击问题。常用“超前保护”和“泄放保护”两种方法。超前保护依靠 SCADA 系统的支持，对水击保护更加有利。SCADA 系统具有全线工艺参数的控制功能，能够做到水击超前保护。同时 SCADA 系统能够自动调节压力，保持泵入口压力和泵站出口压力在正常范围内。卸放保护措施的更新发展已使得水击保护非常可靠。

另外，采用出口阀调节，气体缓冲罐的使用，采用双功能泄压阀等措施也可以进行压力保护。

本章总结

加油（气）站是一个由储存、计量、输送、消防等子系统构成的易燃、易爆、有毒的危险场所。由于经营产品的特殊性，安全管理愈加重要。本章主要介绍加油（气）站的系统组成和工艺流程，对各种加油（气）站进行了危险因素分析，并相应的介绍各种安全操作要求及紧急情况下的处理方法。

思考题

（1）储气井储存天然气有哪些特点？

（2）CNG 汽车加气站有哪些应急预案？

（3）LNG 汽车加气站中潜液泵使用应注意哪些问题？

（4）如何防止 LNG 储罐超压？

（5）LNG 汽车加气站设备运行存在哪些危险？

（6）如何保证输油站储油罐安全使用？

（7）加油站容易发生哪些事故？

（8）输油站场主要危险因素有哪些？

第5章 油库安全技术与管理

教学目标：

1. 了解油库作业安全的重要性，掌握油库常规作业的安全防范措施
2. 熟悉油库各项安全管理制度的主要内容

本章重点：

1. 油库收发油作业中防着火爆炸的安全措施
2. 油库各岗位的岗位职责及用火管理制度

本章导读： 大量油库事故表明，实现油库安全作业的基础是全体员工良好的职业素质，配套齐全、技术状况完好的设备和设施以及严格和科学的各项操作规程。油库安全管理制度是油库作业安全管理的根本依据，具有法规性的作用，对各级人员都有约束力，健全和落实各项安全管理制度是提高油库安全程度的根本保证。

5.1 油库收发油作业安全措施

油库作业是一种比较简单的重复性劳动，但作业区人员进出频繁，外来人员较多，危险区域范围广，不易于管理，因此容易引起作业事故，随着油库基础工艺的进一步完善，设备性能逐步提高，油库规模的扩大，作业自动化程度越来越高，作业也越复杂，这无疑是油库作业的发展方向，由此也带来更大的潜在危险性。如操作者工作中稍有疏忽，检修和检验人员稍有不慎都有可能酿成事故，实践证明：作业安全就为生产发展和劳动生产率的提高创造了良好条件，而生产的发展，进一步为改善劳动条件奠定了更好的物质基础，因此，“生产必须安全，安全促进生产”是一个统一的整体。在具体工作中，要求贯彻“管生产必要同时管安全”的原则，坚持“安全第一，预防为主”、“安全工作，人人有责”的原则，把安全工作渗透到油库各个作业环节，以保证油库的整体安全。

收发油作业是油库最频繁，最基本的作业，而收发油区是油库事故的高发生区，因此收发油作业安全是油库安全工作的重要组成部分。在进行收发油作业时，作业人员和管理人员必须严格按操作规程进行，建立并健全岗位联系制，力求各作业环节都安全。

5.1.1 油库收发油作业中防着火爆炸的安全措施

机车运送轻油时，应加挂隔离车，进库时要分别戴防火罩，基本对位后要脱钩固定，防止溜车。油船或驳船停靠时要减速，抛锚和拉锚链时应冲水润湿和加垫。汽车入库要戴防火罩，接地拖刷应可靠触地。收留驾驶员及其他入库人员随身携带的火种及手机。检查绝缘法兰和绝缘轨缝的可靠性，防止杂散电流窜入作业线。同一作业线和同一码头的各种装卸设备的防静电接地应为等电位。作业人员应穿戴防静电服和鞋帽，不使用碰击能产生火花的工具，活动照明要使用防爆手电筒。鹤管或输油臂装油时要插入底部，如采用分层卸油时应有安全员监守。随液面降低，进油口也相应下降，避免吸入空气。铁路油罐车和油船的装油速度，在出油口淹没前的初始阶段，要控制在 1 m/s 以下。气温过高，接近或超过油品闪点时，根据条件和可能，采取降温措施，操作孔用浇水的石棉被盖住，停止操作孔附近的非必要操作。不准在危险场所穿脱衣服、挥舞工具和搬动物品。

雷雨天禁止装卸油作业。收发油作业时，拿取工具、开关罐盖、收送鹤管等，都要做到既轻又稳，不得碰掉静电连接线。口袋中的钥匙、钢笔等物品不得掉出，并防止手表碰击。司泵巡线员在油泵运行中，不能撤离岗位，应监视电动机及泵的温升、润滑、冷却水温度、轴承温度、轴封和各个接口的泄漏量、压力、真空度、电流、电压、声响、颤动等，发现异常及时排除，或停机检查。适时对油泵房进行通风排气。

5.1.2 防止跑、冒油的安全措施

在装卸和倒装油品作业之前，应仔细检查冒油报警装置和自动停泵装置是否良好，检查管线连接是否牢固严密。输油作业时要巡查管线，计量员应注意观察罐内的进油情况，油库主任应定时了解一次各岗位上的作业情况，全面掌握，督促检查。连接作业时，油库主任要组织好交接班，一般不应中途停止作业，必须停止作业时，应将输油管内的油品放出一部分，以防止温升时胀裂管线。作业完毕后，应关闭所有阀门，并认真检查有无不安全因素。油船上的缆绳禁止挂在管线及阀门上，防止拉断油管，损坏阀门。码头与油船连接的胶管应有足够的长度，以免由于潮水的涨落，船身起伏，拉断胶管。油罐进油或油罐之间相互倒装油品时，应对原油罐装油高度进行准确的测量，计算出实际的装油高度，以免装油时发生冒油事故。当液面接近安全高度时，应减慢流速，及时换罐。装油容量应严格控制在安全高度之内，装油过满会使油品在容器内温度升高膨胀而从容器冒出。维修油罐、阀门、管线及其附件时，修理人员要与有关人员密切联系。离开现场或暂时停止修理时，应将拆开的管道用封头堵住，并将修理情况向有关人员交待清楚。修理结束应经技术人员或值班员检查无误后，方可使用。对严寒地区的储油罐、管线、阀门等，在严冬季节到来之前，应充分做好防寒准备工作，如放尽罐底及管线内的水分，以防气温骤变而使容器、管线、阀门等冻裂或折断。对容易遭受山洪、暴雨影响的油罐、管线等，应及时采取防洪等安全措施。油库应定期维修并使用管理好所有阀门，使阀门技术状况完好。

5.1.3 防止混油的安全措施

混油是指两种或两种以上不同牌号或不同产地的油品混装在一起，结果轻则造成降质，重则变质。混油虽不造成数量的损失，但却造成油品质量的下降。防止混油的安全措施如下：接收铁路油罐车（油船）油品时，要认真核对证件，逐车（仓）检查油名、车号、铅封等，经测量和化验合格后方可卸油。发油时，亦应逐罐检查是否存在其他不同品种和残油，严禁不同油名、牌号的油品混装。同一条管线的管组，严禁混装不同品种、牌号的油品。如因设备有限，必须混装时，应先将

管线冲洗干净，并在管线有关连接处用隔板隔开或用堵头堵住。保持阀门严密，防止罐与罐串油。阀门使用中，混入油品中的机械杂质沉淀在闸板与密封圈之间，使用一定时期后在密封圈上出现伤痕而使密封圈不严密，因此油品放空时，应对阀门进行试压检查。变质（降质）油品的掺和和质量调整，需经上级有关部门的批准。油品掺和作业前，应做小型试验，经化验合格后，在技术人员或化验员的参加下，进行正式掺和。在发油、倒装作业中，发现有混油疑点或已经混油时，应立即停止作业，并将混油单独存放，待化验和上级主管部门批准后再作处理。加强计量员、司泵巡线员的责任心。进行收发油作业时，严禁擅自离岗，参加作业的人员不宜中途更换，如需更换时，须将整个作业的有关情况和注意事项向接替人员交待清楚。收发桶装油品时，应逐桶检查和逐桶标记。加强技术培训，严禁技术不熟练的人或让他人操作泵房、阀门。

5.1.4 防静电灾害的安全措施

1. 铁路油罐车装油时防静电灾害的安全措施

装过汽油的油罐车，如未经清洗又装煤油、柴油等油品，会因吸收汽油蒸气而使混合气体进入爆炸范围。从注入柴油开始，经 10 s ~ 15 s 左右便进入这个状态，所以对这类油罐车必须进行清洗。装卸油品作业人员，需先用空手接触接地的裸金属进行人体放电后再从事操作。作业人员应穿防静电服、鞋和防静电手套。装油前，油罐车必须可靠接地，使鹤管、油罐车和钢轨成为等电位体。应将鹤管插入到距油罐底部 200 mm 处。装轻质油品等易燃液体时，初始流速要慢，不得大于 1 m/s，直到鹤管口完全浸入在油中以后才可逐渐提高流速。过滤器至装油栈台间留有足够的间距或者采取设置消电器等措施，以便消除过滤器所产生的电荷。检尺、测温、采样等工作需要待装完油且静置规定的时间后才可进行。严禁罐装作业中进行检尺、测温和采样作业。

2. 油船装油时防静电灾害的安全措施

在装油品之初，由于管内多少总有存水，故应低速进行，一般不应超过 1 m/s。一般油品只能使用粗孔的过滤器，管线产生的静电较小。当使用精密过滤器时，则必须采取相应的消静电措施。当用空气或惰性气体将管线内、软管内及输油金属管内残油驱向油舱内时，应注意不要将空气或惰性气体放入油舱。另外，油船上应有防雨水浸入设施，以防止水混入油中。禁止通过外部软管从舱口直接灌装挥发性油品以及超过其闪点温度的其他油品，这种罐装法只限于高闪点油品。船上禁止使用化纤碎布或丝绸去擦抹油船舱内部，并要合理使用尼龙绳索。在有可燃性油气混合物的场所，为防止金属面之间或金属面与地面之间发生火花，这些金属部件均需良好的接地。在油船上工作的人员必须避免穿化纤衣服并要穿防静电服、鞋。油船装完油后，须经充分静置后方可进行测温、检尺和采样。

3. 汽车油罐车装油时防静电灾害的安全措施

卸油之前，必须将车体进行可靠的接地。加油鹤管必须做可靠的静电接地，且与汽车油罐车的静电接地是同一静电接地体。罐装速度不宜大于4.5 m/s。加油鹤管必须插入罐底，距底部不大于100 mm为宜，其出油口宜制成45°斜面切口。加油完毕后，必须经过规定的静置时间才能提升鹤管，拆除静电接地线。改装不同品种的油品时，特别是装有汽油的罐车改装煤油、重柴油时，必须放尽底油并清洗，在确认无爆炸混合气体后才能进行装油作业。

4. 油罐装油时防静电灾害的安全措施

在管线输送过程中，虽然有静电荷的产生，但由于管线内充满油品而没有足够的空气，不具备爆炸着火的条件。如果把已带有电荷的油品装入储油罐，则因电荷不能迅速泄掉便积聚起来，使油面具有一个较高的电位。此时若油面上部空间有浓度适宜的爆炸混合气体，那么就十分危险。为此应采取以下防静电措施：收油前，应尽可能地把油罐底部的水和杂质除净。严禁从油罐上部注入轻质油品。通过过滤器的油品，在接地管道中继续流经30 m以上后方可进入油罐。加大伸入油罐中的注油管口径，以便流速减慢，在条件允许的情况下，可设置缓和器。进入油罐的注油管尽可能地接近油罐底部，管口呈45°斜面切口。在空罐进油时，初流速度应小于1 m/s，当入口管浸没200 mm后可逐步提高流速。检尺、测温和采样作业必须待罐内油品达到规定的静置时间后，方可进行。严禁在进油时进行检尺、测温和采样作业。作业人员应穿戴防静电服、鞋、手套。

5.1.5 检尺、测温和采样作业的安全措施

禁止让未经专业训练的人员进行检尺、测温和采样作业。油品进入储油罐后，必须待罐内油品达到规定的静置时间后，方可检尺、测温和采样作业。测量人员在检尺、测温和采样时，必须清除人体所带静电，作业时必须穿着防静电服、鞋。凡是用金属材质制成的测温和采样器，必须采用导电性质良好的绳索，并与罐体进行

可靠接地。检尺、测温和采样时不得猛拉猛提，上提速度应不大于0.5 m/s，下落速度应不大于1 m/s。储罐测量口必须装有铜（铝）检尺槽，钢卷检尺进入油罐时必须紧贴检尺槽下落和上提。严禁在测量时用化纤布擦拭检尺、测温盒和采样器。测量人员不准携带火柴、打火机、手机等作业，上衣口袋内不得装有金属物件，以防跌落在罐口上产生火花。进行上述作业时，应背风进行，避免吸入油蒸气，作业后应立即将计量口盖严。

5.2 油库安全管理制度

油库具有易燃易爆等危险性，一旦发生事故，就有可能扩展成为更大的灾害，因此需要周密的安全管理组织，健全的安全管理制度，以实施切实的管理措施，对生产活动进行有效的安全管理。油库安全管理制包括安全生产管理制度，安全监督制度，安全作业禁令和规定、工业卫生管理制度、安全技术管理规程及安全生产奖惩制度等等，其中以安全生产管理制度为根本。油库安全管理是油库安全管理工作的根本依据，具有法规性的作用，对各级人员都有约束力。健全和落实各项安全管理制度是提高油库安全程度的根本保证。

5.2.1 安全生产责任制

油库安全生产责任制是油库岗位责任制的一个组成部分。它根据“管生产必须管安全”的原则，综合各种安全生产管理制度、安全操作制度，对油库各级领导、各职能部门、有关工程技术人员和生产工人在生产中的安全责任作出明确的规定。安全生产责任制也是油库中最基本的一项安全制度，是其他各项安全生产规章制度得以实施的基本保证。有了这项规定，就能把安全与生产从组织领导上统一起来，把“管生产必须管安全”的原则从制度上固定下来。这样，劳动保护工作才能做到事事有人管，层层有专责，使领导职工分工协作，共同努力，认真负责地做好劳动保护工作，保证安全生产。本节所编油库各岗位安全生产责任制，具有一定的代表性，各油库可根据自己的实际情况参考使用。

1. 油库主任岗位职责

（1）油库主任是油库的安全生产、经营管理第一责任人，对油库的运行管理全面负责。

（2）组织贯彻落实国家和上级的有关的方针、政策、计划、制度和规定。

（3）组织审订油库以岗位责任制为中心的现场运行管理制度并监督实施。

（4）组织划分油库各部门的职责范围，协调各部门之间工作。

（5）定期主持召开安委会会议，研究、部署和解决安全方面的重大问题，制订年度安全工作目标。

（6）每日对油库进行一次现场巡视，每周组织召开生产例会，每月组织一次油库安全检查，对发现的问题及时采取措施，整改和消除事故隐患。并及时向油库管理部门上报油库自身无力解决的安全隐患和其他运行中的重大事项。

（7）组织审定上报油库月度及年度工作计划，经上级主管部门批准后落实执行。

（8）负责向上级机关报告的各类申请及业务报表的审核。

（9）组织协调处理发生的各类质量、计量纠纷、安全事故调查，协调周边关系。

（10）总结经验教训，改善经营管理，不断提高油库管理水平。

2. 设备员岗位职责

（1）负责油库设备台帐建立，负责设备运行相关记录报表整理归档。

（2）制定油库设备日常检修计划，并按规程实施维护。

（3）每天对运行设备进行全面巡视维护，发现问题及时处理，不能处理的要向油库主任及时汇报。

（4）按规程对备用设备定期试运行、监测，确保完好。

（5）负责设备运行管理，制定设备大修理计划并参与落实。

（6）参加有关设备事故调查、分析，查明原因，分清责任，提出预防措施，并及时向领导或主管部门报告。

3. 安全员岗位职责

（1）负责油库的安全工作，协调油库主任贯彻好上级安全工作的指示和规定，并监督执行。

（2）负责油库安全管理资料的整理和存档，对油库安全管理制度及操作规程进行修订和完善。

（3）负责组织实施员工三级安全教育、日常安全培训、消防演练及各类事故的应急处理培训。

（4）负责油库用火、临时用电等特种作业票的申请。检查落实防范措施，确保作业安全。

（5）负责油库作业现场安全监督检查，对违章操作及时纠正和处理。组织有关人员对消防器材和消防设施进行定期维护和保养，保证设备安全运行。

（6）负责组织油库的周边安全检查工作及上级 HSE 指令落实。

（7）负责组织油库防雷、防静电设施的定期检测工作。

（8）负责与地方消防、环保、派出所等相关部门的工作协调及证照办理。

（9）负责事故的现场保卫和参加事故调查处理，做好事故统计分析上报工作和防范措施的落实。

4. 收发油岗位职责

（1）严格执行油库各项规章制度和操作规程，做好装卸油过程中的安全检查及巡检工作，并做好记录。

（2）熟悉岗位生产设备性能、操作规程、工艺流程；按照规定时间、路线和内容进行巡检，巡检中如发现紧急情况，应立即采取有效措施进行处理。

（3）坚守工作岗位，热情为客户服务，不做与工作无关的事。

（4）切实做好防火、防爆、防静电、防跑、冒、防中暑，确保安全作业。

（5）对违反油库规章制度的车（船）和人员有权制止、纠正。

（6）按规定保养好收发油的各种设备，并负责工作场地周围整洁、卫生。

（7）按规定填写收发油记录，核对当班发油量。

（8）按规定做好交接班，并填写交接班记录。

5. 司泵巡线岗位职责

（1）负责油品的接卸和转输，严格遵守操作规程，确保设备正常运行。

（2）熟悉离心泵、齿轮泵、管道泵等设备的性能和工作原理，熟悉相关工艺流程。

（3）负责保养和维护泵房内的设备，使各种设备处于良好状态。

（4）配合有关人员做好管线放空过程中油品的回收工作，防止混油、溢油事故的发生。

（5）坚守岗位，泵运转时注意观察油泵运行情况，并做好运行记录。

（6）及时制止、纠正巡检时发现的违章操作行为，并及时上报有关领导。

（7）保持泵房内外整洁。

（8）认真填写巡检记录，并做好交接班。

6. 计量员岗位职责

（1）认真贯彻执行国家及上级机关计量管理的法规、条例、办法。严格执行计量操作规程。

（2）按规定及时、准确做好日常油品收、发、存的计量管理工作。

（3）按时向油库统计岗提供油品收、发、存数据。

（4）对当日油品收、发、存数据进行分析，在发生超溢耗时及时向油库主任汇报，并协助查找原因。

（5）及时向油库主任汇报计量器具的使用情况。

（6）配合上级做好月、季、年度油库盘点工作。

（7）参与油库收、发计量纠纷的处理。

（8）负责所使用计量器具的维护与保管。

（9）完成领导交办的其他工作。

7. 化验员岗位职责

（1）认真执行上级部门有关质量管理的规章制度，严格按照国家或行业标准规定的检验标准进行操作。

（2）负责对收发存油品的质量管理及品质检验，并出具检验报告。

（3）负责化验室每月物料消耗品的计划上报及领取、使用、保管。

（4）做好化验室的安全管理工作，并定期进行检查，发现隐患及时排除。

（5）负责化验室设备器具的建档、维护保养、定期检定工作，使其处于完好状态。

（6）负责化验油样的保管及处理。

（7）负责符合油库生产实际的实验方法研究与改进。

（8）及时向主管部门上报油品质量检验信息，协助处理油品质量纠纷。

（9）完成领导交办的其他工作。

8. 统计员岗位职责

（1）执行公司的统计制度，积极为油库生产运营服务。

（2）每日准确、及时地做好进销存台帐和各类报表的统计上报工作。

（3）负责与收发油班长、计量员以及财务等部门核对数据和报表，保证业务数据的准确性。

（4）每天登记、核对提油单。

（5）按有关规定对过期未提的油单进行处理。负责单据的作废、记录和封存，并保证所有单据的完整、安全。

（6）负责与上级公司相关部门进行对帐、结算。

9. 维修工岗位职责

（1）严格执行各种设备的检修操作规程，落实安全措施。

（2）严格执行《石油库电气安全规程》及电业部门的有关规定。

（3）掌握油库设备设施性能，并定期进行检查、维护保养。

（4）负责对油库防雷、防静电接地装置的日常检查、维护，做好定期测试工作。

（5）负责绘制油库电气区域等级分布图，并负责检查各区域的电器设备安装是否符合规程要求。

（6）每天要对储油、输油设备进行巡视和检查，发现问题及时处理。

（7）检修中应严格执行用火和临时用电管理制度，落实安全措施。

（8）作业后认真填写有关检修记录，做到工完、料尽、场地清。

10. 警消门卫岗位职责

（1）遵守国家、当地政府有关法律法规及本单位的消防安全管理规定。

（2）熟悉本单位的平面布置、建筑结构、作业流程、交通道路、水源设施、消防器材装备和设施（物品）性能及岗位的危险性，熟练掌握灭火方法，并定期进行演练，一年不得少于两次。

（3）严格执行油库出入库管理制度。

（4）对进出油库人员及提油车辆做好入库安全检查及登记工作。

（5）负责油库门卫区域正常秩序的维护，以保证提油车辆进出顺畅。

（6）负责门卫周边环境卫生。

（7）负责出库车辆提油单据收集。

（8）负责油库的治安保卫工作。

5.2.2 安全教育制度

安全教育制度也称安全生产教育制度，是指油库对全员进行教育的要求、范围、内容、形式及考核等制定的一系列规定。安全教育亦是油库为提高员工安全技术水平和防范事故能力而进行的教育培训工作，是搞好油库安全生产和安全思想建设的一项重要工作。安全教育必须贯彻全员、全面、全过程的原则，坚持多样化，制度化和经常化，讲究针对性和科学性。

安全教育的内容有安全思想和安全意识教育，守法教育，安全技术和安全知识教育，安全技能和专业工种技术训练。通过安全教育，首先能提高油库领导和广大员工做好劳动保护工作的责任感和自觉性。此外，安全技术知识的普及和提高，能使广大职工了解生产过程中存在的职业危害因素及其作用规律，提高安全技术操作水平，掌握检测技术，控制技术的有关知识，了解预防工伤事故和职业病的基本要求，增强自我保护意识，有利于安全生产的开展，劳动生产率的提高和劳动条件的改善。

1. 油库职工的三级安全教育

凡新职工（包括徒工、外单位调入职工、合同工、代培人员和大专院校实习学生等）必须经公司、库、班（组）三级教育并考试合格，方可进入生产岗位。

（1）一级（公司级）的安全教育。新职工报到后，由人事或安全部门负责组织。进行安全、消防教育，时间不少于 8 小时，其内容是：国家和上级部门有关安全生产法律、法规和规定；本单位的性质、特点；油品的危险特性知识；安全生产基本知识和消防知识；典型事故分析及其教训。经一级安全教育考试合格，方可分配工作，否则油库不得接受。

（2）二级（库级）安全教育。油库安全员或指定专人负责教育，时间不少于 40 小时，其教育内容是：本库概况，生产或工作特点；本单位安全管理制度及安全技术操作规程；安全设施、工具及个人防护用品，急救器材，消防器材的性能、使用方法等；以往的事故教训。

（3）三级（班组）安全教育。由班组长或班组安全员负责教育，可采用讲解和实际操作相结合的方式，其教育时间不少于 8 小时。教育内容为：本岗位的操作工艺流程、工作特点和注意事项；本岗位（工种）各种设备、工具的性能和安全装置的作用，防护用品的使用、保管方法、消防器材的保管及使用；本岗位（工种）操作规程的安全制度；本岗位（工种）事故教训及防范措施。经班组安全教育考试合格后方可指定师傅带领进行工作。

三级安全教育考核情况，应逐级写在安全教育卡上，经储运安全部门审核后，方准许发放劳保用品和本工种享受的劳保待遇。未经三级安全教育或考试不合格者不得分配工作，否则由此发生事故要由分配及接收单位领导负责。新入库职工经过一段时间培训、学习和实际工作后，经有关部门对其操作技术和安全技术进行全面考核，合格后，方可独立工作。特殊工作，应持证上岗。

2. 外来人员的安全教育

凡属临时工、外包工、办事和参观人员，进库前必须接受油库的安全教育。教育内容：对临时工（包括来库施工人员）的安全教育由招工和任用单位负责。其具体的教育内容包括：本单位特点、入库须知，担任工作的性质，注意事项和事故教训以及安全、消防制度。并在工作中指定专人负责安全管理和安全检查。对外包工和外来人员的安全教育分别由基建部门（或委托单位）和外借人员主管部门负责教育，教育内容：本单位特点、入库须知，担任工作的性质，注意事项和事故教训以及安全、消防制度。对进入要害部位办事、参观、学习人员的安全教育由接待部门负责，教育内容：本单位有关安全规定及安全注意事项，并要有专人陪同。

3. 日常安全教育

日常安全教育是指对全体员工开展多种形式的安全教育。油库必须开展以班（组）为单位的每周一次的安全活动，每次不得少于1小时。安全活动不得被占用。要做到有领导、有计划、有内容、有记录，防止走过场。员工必须参加安全活动。油库领导必须经常参加基层班（组）的安全活动日，以了解和解决安全中存在的问题。

日常安全教育内容：学习安全文件、通报安全规程及安全技术知识，消防设备操作使用技术等；讨论分析典型事故，总结吸取事故教训。开展事故预防和岗位练兵，组织各类安全技术表演。安全检查制度、操作规程贯彻执行情况和事故隐患整改情况；开展安全技术讲座、攻关和其他安全活动；利用各种会议、广播、简报、图片、安全报告会、故事讲演等形式开展经常性的安全教育。

4. 特殊工种安全教育

对特殊工种（锅炉工、电工、气电焊工、泵工、计量、化验、消防等）必须由各主管部门组织专业性安全技术教育和培训，并经考试合格取得资格后，方可从事操作（作业）。

5.2.3 安全检查制度

开展安全检查是达到消除事故隐患的重要手段，是深入推动安全管理工作的有力措施。通过安全检查，才能了解安全状况，及时发现存在的问题，掌握安全动态，做到对症下药，因此，油库的安全检查是必不可少的。安全检查制度保证安全检查能正常有效地进行，为治理整顿建立良好的安全环境和生产秩序，做好安全工作提供约束力。油库应切实执行安全检查制度，不能为了应付检查而检查，要坚持领导与群众相结合，普通检查与专业检查相结合，检查与整改相结合的原则，做到制度化和经常化。安全检查的对象主要是导致事故的人，物，环境和管理四因素。

1. 安全检查的内容

安全检查主要查安全管理制度，岗位职责的执行情况；查安全教育和活动的开展情况；查安全台帐记录情况；查现场动火作业、有限空间作业、动土作业、起重吊装作业、高处作业、用电作业、入罐作业等危险作业活动的实施情况；查机械设备、电器设备、消防器材的使用保养情况；查灭火作战预案以及隐患整改情况；安全目标、安全工作计划的实施情况等。

2. 安全检查种类

油库安全检查采取日常，定期，专业，不定期四种类型。各种检查可单独进行，也可以相结合进行。

（1）日常检查。

日常检查是以员工为主体的检查形式，不仅是进行安全检查，而且是职工结合生产实际接受安全教育的好机会。日常检查是由各基层班组长或安全检查员督促做好班前准备工作和检查离班前的交接收整工作。督促本班组成员认真执行安全制度和岗位责任制度，遵守操作规程。各级主管人员应在各自业务范围内，经常深入现场，进行安全检查，发现不安全问题，及时督促有关部门解决。

（2）定期检查。

定期检查一般包括周检查，月检查，季度大检查和节日前检查。周检查由各部门负责人深入班组，对设备保养，器材放置，设备运行和交换班记录的记载等进行检查，并了解是否存在不安全因素、隐患。月检查是由油库安全管理委员会负责组织，主要目的是对油库安全工作进行全面检查以便能发现问题，研究解决安全管理上存在的问题，把整改具体措施落实到部门，具体人和时限，召开班（组）长会议，总结讲评安全管理工作，进行安全教育。季度检查是依本季度的气候，环境情况特点，有重点性地检查生产。春季检查以防雷，防静电，防解冻跑漏，防建筑物倒塌为重点；夏季检查以防暑降温，防台风，防汛为重点；秋季检查以防火，防冻，保温为重点；冬季检查以防火防爆，防毒为重点。季度检查还可以同节日检查相结合进行，如与元旦，“五一”，“十一”，春节等重大节日的安全保卫工作结合起来，在节日前进行。除检查目的和要求如同月检查外，要着重落实油库在节假日的防火，值班，巡逻护库的组织安排工作。年度大检查是一年一度的自上而下的安全评比大检查。年度大检查的基本分工：各分公司所属油库由各分公司负责检查；直辖市所属油库，加油站和市属县油库由市公司负责检查；二级站，地、市级以上油库，由省、自治区公司负责检查。

节日检查是节日前对安全、保卫、消防、生产准备，备用设备等进行检查，以保证节日期间的安全。

（3）专业性检查。

专业性安全检查一般分为专业安全检查和专题安全调查两种。它是对一项危险性大的安全专业和某一个安全生产薄弱环节进行专门检查和专题单项调查。调查比检查工作进行的要细，内容要详，时间较长，并且作出分析报告，其目的都是为了及时查清隐患和问题的现状，原因和危险性，提出预防和整改的建议，督促消除和解决，保证安全生产。

专业性安全检查或专题安全调查是不定期的，它的提出是根据上级部门的要求，安全工作的安排和生产中暴露出来的问题，本着预防预测的目的而确定，因而有较大的针对性和专业要求，可检查难度较大的内容，发现问题后又可集中研究整改对策。专业性安全是以安全人员为主，吸收与调查内容有关的技术和管理人员参加。

（4）不定期检查。

不定期检查是在规定时间内，检查前不通知受检单位或部门而进行的检查。不定期检查一般由上级部门组织进行，带有突击性，可以发现受检查单位或部门安全生产的持续性程度，以弥补定期检查的不足，不定期检查主要作为主管部门对下属单位或部门进行抽查。

3. 安全检查方法

安全检查的具体方法很多，现场检查常用的有以下几种。

（1）实地观察。

深入现场靠直感，凭经验进行实地观察。如看、听、嗅、摸，查的方法；看一看外观的变化；听一听设备运转是否异常；嗅一嗅有无泄露和有毒气体放出；摸一摸设备温度有无升高；查一查危险因素。

（2）汇报会。

上级检查下级，往往检查前先听取下级自检等情况汇报，提出问题当场解决；或者对一个单位检查完再开一个汇报会，检查组把检查出的问题向这个单位领导通报，提出整改意见限期解决，并给予评价。

（3）座谈会。

在进行内容单一的小型检查时，往往以开座谈会的方法，同有关人员座谈讨论某项工作或某项工程的经验和教训，以及如何更好的开展和完成。

（4）调查会。

在进行安全动态调查和事故调查时，可通过召开调查会的方法，把有关工作人员和知情者召集在一起，逐项调查分析，得出结论和评价，采取预防对策加以控制。

（5）个别访问。

在调查或检查某个系统的隐患时，为了便于技术分析和找出规律，了解以往的生产运作情况，就需要访问有经验的实际操作人员，有的即使调离了本岗位，也要去进行走访，使调查和检查工作得到真实情况，以得出正确结论。

（6）查阅资料。

为了使检查监督工作做深做细，便于对比、考查、统计，分析，在检查中必须查阅有关资料，从历史和现实看这个单位的管理水平和执行法规贯彻安全生产方针及上级指示做的是好还是差，好的表扬，差的批评，实施检查监督职能。

（7）抽查考试和提问。

为了检查某个单位的安全工作，职工素质，管理水平，可对这个单位的职工进行个别提问，部分抽查和全面考试，检验其真实情况和水平，便于单位之间的比较和评比。

5.2.4 用火管理制度

用火作业指的是能直接或间接产生明火的施工作业。其通常包括以下方式的作业：各种气焊、电焊等各种焊接作业及气割、切割机、砂轮机等各种金属切割作业；使用喷灯、液化气炉、火炉、电炉等明火作业；烧（烤、煨）管线、熬沥青、喷砂和产生火花的其他作业；生产装置和罐区连接临时电源并使用非防爆电器设备和电动工具。使用雷管、炸药等进行爆破作业。

1. 用火分级

一级用火：储存收发易燃、可燃液（气）体的罐区、泵房、装卸作业区、桶装库房；加油（气）站的罐区、加油区、接卸区；输油管道、隔油池、污水处理设施；易燃、可燃液体和气体的罐车、油轮、驳船等爆炸危险区域的用火作业。

二级用火：火灾危险区域，如上述作业场所的非防爆区域及防火间距以外的区域，以及发电房、配电房、消防泵房、化验室和润滑油收发储作业区等的用火作业。

三级用火：除一、二级用火以外的区域。

2. 作业许可证申报和审批程序

一、二级用火：施工单位填报——油库主任意见——公司业务、安全部门意见——公司主管安全领导审批签发。

三级用火：施工单位填报——主任审批签发。

3. 用火作业的原则

油罐、管道或其他火灾危险较大部位的用火，必须从严掌握。如有条件拆卸的构件如管道、法兰等，应卸下来移至安全场所，检修后再安装上去，尽量采用不用火的方法，如用螺栓连接代替焊接施工，用轧箍加垫法代替焊补渗漏油罐，用手锯方法代替气割作业等。必须就地检修的，应经过批准，尽可能把用火的时间和范围压缩到最低限度，并做好充分的灭火准备。油罐和输油管道检修是最易造成火灾危险的作业，事先应对情况详细了解，订出施工方案，施工前，将用火场所周围杂草和可燃物质，油脚污泥等清除干净。施工时，应由熟练技工操作，指派专人检查监护，除配置轻便灭火工具外，罐区内消防设备和灭火装置均要保证可靠，以防万一。

用火应严格遵守安全用火管理制度，做到“三不用火”，即没有审批的不用火；防火措施不落实不用火；没有防火监护人或防火监护人不在场不用火。凡是在非明火作业区动用明火时，必须坚持三级审批的原则，填写用火作业许可证，如表 5－1 所示，在持有用火作业许可证时方能动火。

油库都要加强明火管理，制定严格的管理制度。明火管理制应包括用火管理范围，用火部位的危险程度及应采取的措施，用火的原则、用火的审批权限等等。用火应严格遵守安全用火管理制度，做到“三不用火”，即没有审批的不用火；防火措施不落实不用火；没有防火监护人或防火监护人不在场不用火。凡是在非明火作业区动用明火时，必须坚持三级审批的原则，填写用火作业许可证，如表 5－1 所示，在持有用火作业票时方能动火。

表5－1　用火作业许可证（　　级）

第　　联

<table>
<tr><td>记录编号</td><td colspan="2"></td><td>申请单位</td><td colspan="2"></td><td>申请人</td><td></td></tr>
<tr><td>用火装置、
设施部位及内容</td><td colspan="7"></td></tr>
<tr><td>用火人</td><td colspan="3"></td><td colspan="2">特殊工种类别及编号</td><td colspan="2"></td></tr>
<tr><td></td><td colspan="3"></td><td colspan="2"></td><td colspan="2"></td></tr>
<tr><td>监火人</td><td colspan="3"></td><td colspan="2">监火人员工种</td><td colspan="2"></td></tr>
<tr><td></td><td colspan="3"></td><td colspan="2"></td><td colspan="2"></td></tr>
<tr><td>采样检测时间</td><td></td><td>采样点</td><td></td><td>分析结果</td><td></td><td>分析人</td><td></td></tr>
<tr><td>用火时间</td><td colspan="7">年　月　日　时　分至　年　月　日　时　分</td></tr>
<tr><td>序号</td><td colspan="6">用火主要安全措施</td><td>确认人签字</td></tr>
<tr><td>1</td><td colspan="6">用火设备内部构件清理干净，蒸汽吹扫或水洗合格，达到用火条件。</td><td></td></tr>
<tr><td>2</td><td colspan="6">断开与用火设备相连接的所有管线，加盲板（　）块。</td><td></td></tr>
<tr><td>3</td><td colspan="6">用火点周围（最小半径15米）的下水井、地漏、地沟、电缆沟等已清除易燃物，并已采取覆盖、铺沙、水封等手段进行隔离。</td><td></td></tr>
<tr><td>4</td><td colspan="6">罐区内用火点同一围堰内和防火间距内的油罐不得进行脱水作业。</td><td></td></tr>
<tr><td>5</td><td colspan="6">高处作业应采取防火花飞溅措施。</td><td></td></tr>
<tr><td>6</td><td colspan="6">清除用火点周围易燃物。</td><td></td></tr>
<tr><td>7</td><td colspan="6">电焊回路线应接在焊件上，把线不得穿过下水井或与其他设备搭接。</td><td></td></tr>
<tr><td>8</td><td colspan="6">乙炔气瓶（禁止卧放）、氧气瓶与火源间的距离不得少于10米。</td><td></td></tr>
<tr><td>9</td><td colspan="6">现场配备消防蒸汽带（　）根，灭火器（　）台，铁锹（　）把，石棉布（　）块</td><td></td></tr>
<tr><td>10</td><td colspan="6">其他安全措施：</td><td></td></tr>
<tr><td colspan="7">危害识别：</td><td></td></tr>
<tr><td colspan="2">申请用火基层单位意见</td><td colspan="2">生产、消防等相关单位意见</td><td colspan="2">安全监督管理部门意见</td><td colspan="2">领导审批意见</td></tr>
<tr><td colspan="2">年　月　日</td><td colspan="2">年　月　日</td><td colspan="2">年　月　日</td><td colspan="2">年　月　日</td></tr>
<tr><td colspan="2">完工验收</td><td colspan="4">年月日时分</td><td colspan="2">签名</td></tr>
</table>

4. 用火作业案例分析

某年某月某日，某运输公司接到任务，准备将某油库1个20 m^3 真空罐吊装运至23 km的某油站（该罐已停用，罐内仍有少量柴油油渣）。在吊装过程中，由于排气管过长（大约4 m），不便拉运，运输公司便付500元准备请油库主任派电焊工将排气管割开。10时30分，油库主任签发用火作业许可证并派副主任监护，维修班长辅助电焊工操作。10时40分左右，电焊工在用气割把排气管割开过程中，油罐发生爆炸。事故造成油库3人死亡（其中电焊工被炸飞5 m，当场死亡，油库副主任、维修班长在送医院后10小时内死亡），运输公司2人重伤，1人轻伤，直接经济损失5.7万元。

事故发生的直接原因是由于罐内和排气管充满爆炸性混合气体，在气割过程中爆炸性混合气体遇明火发生爆炸。

间接原因包括：未经审批的情况下，油库主任安排工人在残油罐上进行动火作业；焊工在执行气割任务时安全意识差，在没有检查储罐内原油是否清理干净的情况下盲目动火；油库副主任没能及时纠正和制止在油罐上排气管的违章动火作业；相关管理人员对安全生产管理不善。

5.2.5 事故及事故隐患管理制度

事故是危险因素与管理缺陷相结合的产物，油品的危险性是导致发生各种事故的重要原因，为此，必须严格遵守安全技术操作规程，执行有关规章制度，采取积极有效的措施，最大限度地消除发生事故的一切潜在危险因素。

1. 油库事故的分类和等级划分

（1）事故分类。

按事故类型分为：爆炸事故、火灾事故、设备事故、生产作业事故、交通事故、人身伤亡、放射事故；按事故性质分为责任事故、非责任事故或破坏事故。

（2）事故分级。

油库事故等级可分为六级，划分标准具体如下：

①特大事故：凡符合下列条件之一，为特大事故。

一次事故造成死亡10人及以上。

一次事故直接经济损失达500万元及以上。

②重大事故：凡符合下列条件之一，为重大事故。

一次事故造成死亡3—9人。

一次事故造成重伤10人及以上。

一次事故造成直接经济损失达100万元及以上，500万元以下。

③一级事故：凡符合下列条件之一，为一级事故。

一次事故造成重伤1—9人。

一次事故造成死亡1—2人。

一次事故直接经济损失10万元及以上，100万元以下。

一次事故跑、冒、漏油及油品变质达10吨及以上。

一次混油混入量100吨及以上。

④二级事故：凡符合下列条件之一，为二级事故。

凡发生火灾或爆炸事故者。

一次事故直接经济损失达1万元及以上，10万元以下。

一次事故跑、冒、漏油及油品变质达5吨及以上。

一次混油混入量20吨及以上。

⑤三级事故：凡符合下列条件之一，为三级事故。

一次事故直接经济损失达0.6万元及以上，1万元以下。

一次事故跑、冒、漏油及油品变质达1吨及以上。

一次混油混入量2吨及以上。

⑥四级事故：凡符合下列条件之一，为四级事故。

一次事故直接经济损失达0.1万元及以上，0.6万元以下。

一次事故跑、冒、漏油及油品变质在0.5吨及以上。

一次混油混入量1吨及以上。

2. 事故报告

（1）发生事故后，事故当事人或发现人应立即报告主任和主管公司的有关领导，紧急情况要报警；伤亡、中毒事故，应保护现场并迅速组织抢救人员及财产；重大火灾、爆炸、跑油事故，应组成现场指挥部，防止事故蔓延扩大。

（2）凡属二级以上事故，油库要立即报告主管公司，主管公司应在事故发生后4小时内将事故发生的时间、地点、起因、经过、造成的后果、初步分析、已采取哪些措施等情况报省（区、市）公司；省（区、市）公司应在事故发生后20小时内，以电话、电报或传真方式，按《事故快报》的要求报上级有关部门。涉及人员伤亡及重大事故要立即按事故性质，相应报告企业所在地的消防、安全管理部门。

（3）由于油品质量、跑油、火灾、爆炸等原因造成较大社会影响的事故，应迅速报上级公司。

（4）发生涉及死亡的特大、重大和一级事故，由省（区、市）公司的主要领导、主管部门负责人、安全处长及事故单位的主要负责人，在对事故原因基本调查清楚的基础上，提出处理意见，在事故发生3天内向上级公司汇报。

（5）凡发生一级以上事故，在事故发生后25天内，按事故报告的要求写出正式报告报上级公司。

3. 事故调查

（1）发生二至四级事故，由主管公司会同地方职能部门组织调查；发生一级事故，由省（区、市）公司会同主管公司、地方职能部门组织调查；发生重、特大事故，由总公司会同当地有关部门调查。

（2）外包工程乙方发生的事故，由乙方负责组织调查、处理。

（3）油库应配合事故调查部门进行调查，提供有关资料，任何部门和个人不得拒绝接受调查。

4. 事故处理

（1）事故调查和处理要坚持“四不放过”的原则，即事故原因分析不清不放过；事故责任者和群众没有受到教育不放过；没有防范措施不放过；事故责任人（包括有关管理人员）未受到严肃处理不放过。

（2）因忽视安全生产、违章指挥、违章作业、违反劳动纪律造成事故的，由企业主管部门或企业按照国家有关规定，对企业负责人和事故责任者给予行政处分和经济处罚，构成犯罪的，由司法部门依法追究刑事责任。

（3）事故发生后隐瞒不报、谎报、故意拖延不报、故意破坏事故现场，或无正当理由，拒绝接受调查以及拒绝提供有关情况和资料的，由主管公司按规定给予有关责任人行政处分。

5.2.6 安全监督制度

油库安全监督制度是为油库各级人员认真执行各项安全制度和规定，保证全面安全监督工作的顺利进行，超前进行预测预防工作，保障员工作业过程的安全和健康，保护国家财产不受损失，提供约束力，油库安全监督制度包括巡回监督检查制度，岗位联系制度、作业动态调查制度，安全监察员组织管理及建设工程项目监督制度。油库应根据各自特点，健全各项监督制度，并设立安全监察员和安全巡检员。油库领导机构可设立安全监察员，以监督油库领导的各项安全工作，保证组织和决策的科学性和正确性。油库基层应配备安全监督巡检员，以督促检查基层部门的每一个职工认真执行安全制度、技术操作规范、岗位责任制的情况，对违反者有权予以制止，纠正和向领导报告，并提出处理建议。同时要对作业场所进行定时巡检，填写巡检记录，发现问题，及时处理。

5.2.7 工业卫生管理制度

工业卫生管理制度是根据国家劳动保护法规，针对油库特点而制定有关环境保护、防毒及防治职业病的规定。包括油库含油污水和污物的处理规定、油气污染防护规定，噪声污染防护规定，环境绿化要求、职工身体检查管理规定及劳保用品的发放规定。工业卫生管理制度的有效执行，切实关系到职工的身体健康，改善油库环境质量，对提高劳动效率和生产效益有间接促进作用。

5.2.8 安全作业禁令和规定

安全作业禁令和规定是针对油库事故重点防护对象，明确规定职工必须严格执行的硬性条文，以简明的方式加以表达。安全作业禁令和规定有人身安全十大禁令、防火防爆十大禁令、防止贮油罐跑油十条规定，防止静电危害十条规定及防止中毒窒息十条规定等等，详见附录一。

除以上主要的安全管理制度外，还有设备安全检修保养制度，设备档案管理制度、出入库管理制度、岗位操作规程、安全技术管理制度、安全生产保证基金管理制度及安全生产奖惩管理制度等等。油库应根据国家有关规定、法规和上级部门的管理制度，结合本库特点，加以具体化，以健全各项安全管理制度，并加以落实。

思考题

1. 油船装油时防静电灾害的安全措施?
2. 在检尺、测温和采样作业过程中应采取的安全措施?
3. 为什么说安全生产责任制是油库中最基本的一项安全制度?
4. 安全检查的内容?
5. 油库职工的三级安全教育?

6. 用火作业的原则?
7. 用火主要安全措施?
8. 安全检查的种类?
9. 油库事故的分类和等级划分?
10. 油库事故处理“四不放过”的原则?

附录

安全作业禁令和规定

人身安全十大禁令

（1）安全教育和岗位技术考核不合格者，严禁独立顶岗操作。

（2）不按规定着装或班前饮酒者，严禁进入生产岗位或施工现场。

（3）不戴好安全帽者，严禁进入检修、施工现场或交叉作业现场。

（4）未办理安全作业票及不系安全带者，严禁高处作业。

（5）未办理安全作业票，严禁进入容器、罐、油舱、水下井、电缆沟等有毒、有害、缺氧场所作业。

（6）未办理维修工作票，严禁拆卸停用的与系统联通的管道，机泵等设备。

（7）未办理电气作业“三票”，严禁电气施工作业。

（8）未办理施工破土工作票，严禁破土施工。

（9）机动设备或受压容器的安全附件、防护装置不齐全好用，严禁启动使用。

（10）机动设备的转动部件，在运转中严禁擦洗或拆卸。

防火、防爆十大禁令

（1）严禁在库内吸烟及携带火种和易燃、易爆、有毒、易腐蚀物品入库。

（2）严禁未按规定办理用火手续，在库内进行施工用火或生活用火。

（3）严禁穿易产生静电的服装进入油气区工作。

（4）严禁穿戴铁钉的鞋进入油气区及易燃、易爆装置。

（5）严禁用汽油、易挥发溶剂擦洗设备、衣物、工具及地面等。

（6）严禁未经批准的各种机动车辆进入生产装置、罐区及易燃易爆区。

（7）严禁就地排放易燃、易爆物料及化学危险品。

（8）严禁在油气区内用黑色金属或易产生火花的工具敲打、撞击和作业。

（9）严禁堵住消防通道及随意挪用或损坏消防设施。

（10）严禁损坏仓库内各类防爆设施。

防止静电危害十条规定

（1）严格按规定的流速输送易燃易爆介质，不准用压缩空气调合搅拌。

（2）易燃、易爆流体在输送停止后，须按规定静止一定时间，方可进行检尺，测温，采样等作业。

（3）对易燃、易爆流体储罐进行测温采样、不准使用两种或两种以上材质的器具。

（4）准从罐上部收油，油槽车应采用鹤管液下装车，严禁在装置或罐区灌装油品。

(5) 严禁穿易产生静电的服装进入易燃、易爆区，尤其不得在该区穿、脱衣服或用化织物擦拭设备。

(6) 禁止在雷雨天作业，危险场所的作业人员必须先进行人体消电。

(7) 易燃易爆区，易产生静电的装置，必须做好设备防静电接地；混凝土地面，橡胶地板等导电性要符合规定。

(8) 油品的输送和包装，必须采取消除静电或泄出静电措施；易产生静电的装置设备必须设静电消除器。

(9) 防静电措施和设备，要指定专人定期进行检查并建卡登记存档。

(10) 新产品、设备、工艺和原材料的投用，必须对静电情况作出评价，并采取相应的消除静电措施。

防止储罐跑油十条规定

(1) 按时检尺，定点检查，认真记录。

(2) 油品脱水，不得离人，避免跑油。

(3) 油品收付，核定流程，防止冒串。

(4) 切换油罐，先开后关，防止憋压。

(5) 清罐以后，认真检查，才能投用。

(6) 现场交接，严格认真，避免差错。

(7) 呼吸阀门，定期检查，防止抽瘪。

(8) 重油加温，不得超标，防止突沸。

(9) 管线用完，及时处理，防止冻凝。

(10) 新罐投用，验收签证，方可进油。

防止中毒窒息十条规定

(1) 对从事有毒作业，有窒息危险作业人员，必须进行防毒急救安全知识教育。

(2) 工作环境（设备、容器、井下、地沟等）氧含量必须达到20%以上，毒害物质浓度符合国家规定时，方能进行工作。

(3) 在有毒场所作业时，必须佩戴防护用具，必须有人监护。

(4) 进入缺氧或有毒气体设备内作业时，应将与其相通的管道加盲板隔绝。

(5) 在有毒或有窒息危险的岗位，要制定防救措施和设置相应的防护器具。

(6) 对有毒有害场所的浓度情况，要定期检测，使之符合国家标准。

(7) 对各类有毒物品和防毒器具必须有人管，并定期检查。

（8）涉及和监测毒害物质的设备、仪器要定期检查，保持完好。

（9）发生人员中毒、窒息时，处理及救护要及时、正确。

（10）健全有毒有害物质管理制度，并严格执行，长期达不到规定卫生标准的作业场所，应停止作业。

第6章 管道安全分析与管理

教学目标：

1. 了解输油与输气管道事故特点，掌握管道输送安全运行安全管理技术
2. 掌握管道输送风险管理

本章重点：

1. 油气管道的腐蚀和缺陷检测技术
2. 紧急情况下的应急处理技术

本章导读：随着我国国民经济的快速发展及市场对能源需求的不断增长，油气管道建设已经到了快速发展期。由于石油天然气本身的特性，使得对应安全管理工作的要求越来越高。

安全管理可以使得管道运行处于最佳状态。其保障功能主要运用于安全工程理论、方法，辨识管道运行过程中各种不安全因素，对风险作出定性或定量评价，通过各种安全手段、行为等将事故的可能性及造成的损失控制到可以接受的程度。

6.1 油气管道安全的重要性

我国已建成油气管道4万多千米，其中东部许多管道运行已接近或超过使用年限，逐渐进入事故多发时期。由于建设时期的技术条件有限，设计、施工水平、材质缺陷、多年运行的损伤等原因，使得管道安全存在诸多隐患。近年来，随着经济的快速发展，城市及城镇建设、厂矿及交通设施建设也日益频繁，违章施工、违章建筑损伤管道的事件增多。第三方故意破坏引发的管道泄漏事故呈上升趋势，更给管道运行安全造成严重威胁。

6.1.1 输油管道事故的特点

长距离输油管道具有密闭性好、自动化程度高等特点，其安全性明显优于铁路、公路、水路等运输方式。但由于输送的油品具有易燃、易爆、易挥发和易于静电积聚等特性，一旦系统发生事故，泄漏的油气极易起火、爆炸，造成人员伤亡、财产损失及破坏环境等恶性事故。与天然气泄漏不同之处在于：油品大量泄漏还会造成污染水源、土壤污染，对公众健康造成长期的不良影响。输送高黏易凝原油时，如停输时间过长可能会因原油冷凝而导致再启动困难，从而造成凝管事故。凝管事故是输油管道输送过程中必须防范的的恶性重大事故，它不仅会造成管道停输，而且往往解堵困难。处理凝管事故不仅浪费资源，增加抢险费用，同时管道停输还会影响上、下游的油田、石化企业的生产，造成巨大的经济损失和不良的社会影响。

当输油管道经过人口密集的地区或接近重要设施时，火灾及爆炸事故将造成生命、财产的巨大损失；布置在边远的荒漠、山区的输油管道，一旦发生事故，往往因消防力量不足或水源较远等条件限制，给灭火带来困难。输油管道的站场和油库的罐区集中储存着大量油品，装卸操作频繁，引发火灾的危险因素很多。

因输油管道发生的事故所造成的直接经济损失，以及上游的油气田和下游的工矿企业停工减产的间接损失是巨大的。输油管道事故还可能污染环境，给公共卫生和环境保护带来较长时间的负面影响。在社会日益重视公众安全和环境保护的背景下，油气管道系统的安全受到了更为广泛的关注。

6.1.2 输气管道事故的特点

天然气从气井开采出来，经过矿场集输管道集中到净化厂处理后由长输管道送至城市管道，供给工业或民用的用户。由气井至用户，天然气都在密闭状态输送，形成一个密闭输气系统。长距离管道是连接气田净化处理厂与城市门站之间的干线输气管道，具有输气量大、压力高和运距长等特点。

与输油管道有所不同，天然气管道所经地区自然环境复杂，可能途经高原、山区及河流，地质条件差、落差大，沿途山洪、泥石流、山体滑坡、地震等事故经常发生，很大程度上影响了输气管道的安全运行。同时社会环境的影响也是不可忽视的。周围违规建筑的建造，附近民众的不安全行为，都会给管道安全造成极大威胁。另外因管道腐蚀、管道质量缺陷等原因也会造成管道事故发生。

输气管道事故的发生主要表现为：

（1）天然气具有易燃易爆等特性，如果管道泄漏，天然气就会散发与空气混合，一旦达到爆炸条件就会发生爆炸事故。

（2）长输管道由于跨越距离长，管道沿线可能在某些区域消防力量薄弱，一旦发生事故很难及时进行处置。

（3）城市附近的天然气管道一旦发生事故，造成的人员伤亡和经济损失及环境破坏力将是非常大的。

油气输送管道的事故原因主要为：外力损伤、腐蚀、机械损伤、操作失误、自然灾害等。

外力损伤中，主要是指由于外部的活动，如工业、道路建设、爆破、开挖、管道施工、维修等活动引起的意外损坏；其次是指第三方恶意损坏，例如近几年我国发生的偷油者打孔盗油事件属于这种。管道内、外腐蚀引起的泄漏事故中，输油管道外腐蚀次数及总泄漏量都占主要位置。腐蚀事故多发生在管子的焊缝、管道穿（跨）越处、锚固及防腐层补口处的管段上，因为这些部位都易于产生管材损伤、应力集中、焊接缺陷及防腐层破损。管材及管件的机械损伤往往是由材料损伤或施工损伤引发，除了管壁变形、凹陷等引起的泄漏外，较多事故发生在阀门、法兰等管件上，站场内的泄漏较多集中在这些部位。自然灾害主要是由于地震、塌方、泥石流、洪水、雷击等造成的管道损坏。油气管道大量泄漏的主要原因是管子开裂。

2014 年 10 月 31 日河北省唐山市西外环南湖高速口东侧约 300 米处的地下天然气管道发生爆炸事故，就是由于施工时操作不当引起的，由于事故发生地点所在位置偏僻，火灾不能及时扑救，造成 2 人死亡 3 人重伤。

6.2 管道运行安全影响因素

采用管道输送是石油及天然气输送方式中最为理想的一种，目前我国已经建成石油、天然气、成品油等长输管道近6万千米。这些管道是油气运输的主干线，其安全性一定要引起高度重视。在管道实际运行过程中，影响安全运行的因素主要有以下五个方面：

6.2.1 设计因素

设计因素通常有以下几个方面影响管道安全。

1. 强度计算

管道安全系数取值大小直接影响到管道的使用寿命，安全系数取的过大则浪费材料，取小又满足不了安全要求，目前国际上采用应力计算方法计算管道最小壁厚。在长输管道的工艺系统中，有各种材质的管材、法兰、阀门、三通等管道附件，其安全系数是不同的，选择是否正确是极其重要的。

2. 疲劳破坏

疲劳破坏是由于应力重复循环变化而造成材料性能下降的一种表现形式，是造成事故的主要原因之一。为保证长输管道正常输送介质，经常对介质进行加压或减压，这样就产生了一个压力波动循环，极易造成金属材料的疲劳破坏，另一方面由于设计的焊接工艺不合理，特别是在管道弯头连接处、或管道应力集中点处极易产生应力裂纹，由于疲劳破损表现为脆性失效，因此可能在没有任何预兆的情况下管道已发生损害。

3. 水击潜在危害

在压力管道中，由于某种原因使介质流动速度突然发生变化，同时引起管道中介质压力急剧上升或下降的现象，称为水击。水击引起的压力升高，可达管道正常工作压力的几十倍至数百倍。另外，水击可能还会造成管内出现负压。压力大幅波动，会导致管道系统强烈振动、产生噪声，造成阀门破坏、管件接头破裂、断开，甚至发生管道炸裂等重大事故。

4. 管道系统水压试验

水压试验是用于检验整个管道系统强度的非常有效的手段，也是目前最常用的一种实验方法。但在实施高于设计压力的水压试验过程中，管道所承受的应力等级大于管道日常运行的操作压力，可能会造成管材性能失效。

5. 土壤移动

在某些特定的情况下，由于土壤移动可能对管道造成影响。尽管在管道壁厚确定时，已考虑了土壤移动，但管道本身无法承受位移较大的土壤变形。例如：滑坡的存在增加了重力因素。像山崩、泥石流和塌方则是灾难性的土壤移动，对管道的影响是巨大的。另外在严寒地区还有冰冻膨胀的土壤移动现象，为避免遭遇冰冻载荷的影响，一般要求管道敷设在冰冻线以下。

6.2.2 施工因素

施工因素通常有以下几个方面影响管道安全。

1. 检验

检验员要认真履行职责，按工艺要求监督施工，这是保证管道施工质量的重要因素。

2. 材料

在施工前，要核实所有材料的可靠性以及是否符合技术要求，防止不符合要求的材料进入施工现场进行安装施工。

3. 连接

管道各种连接方法必须严格按施工图进行，采用焊接方式的管道要进行无损检测，法兰连接要按安装工艺要求进行，各种连接要有检验标准。如果连接质量不好直接影响管道的安全运行。

4. 防腐层补口、补伤、检漏

在焊接合格后应及时对管道防腐层进行补口及补伤，完毕后要进行防腐蚀检漏，以上这些工作应在下沟前或回填前完成。防腐层的好坏直接影响管道的安全运行，防腐层破损的地方极易产生腐蚀破坏事故。

5. 回填土

回填方式及其施工过程应确保不要伤及管道的防腐层。下沟前应仔细检查沟底的情况，及时清理沟底的杂物，回填后必须压实回填土。回填土或衬底材料不好是造成管道应力集中的因素之一。

6.2.3 误操作因素

误操作因素通常有以下几个方面影响管道安全。

1. 设计

在工程设计中要充分进行论证，尽量避免由于设计人员失误造成的设计不能满足安全运行要求。

2. 运行

从人为失误的角度来看，运行或许是最容易发生失误的阶段，跟其他情况不同，这里可能很少有干预的机会。

（1）工艺操作规程。

严格执行工艺规程是保证管道安全高效运行的基本保证。

（2）通信及数据采集系统。

该系统是从一个位置提供管道全线各个方面的信息平台，其运行工况直接影响到管道的运行。保障通信及数据采集系统的安全是保证管道安全运行的基础。

（3）检查。

管道日常运行中的检查项目主要有：① 防腐层状况检查。② 清管器探测器管内检查。③ 阴极保护监测。④ 管道沿线巡查。⑤ 土壤电阻率监测。

6.2.4 腐蚀因素

钢质管道的腐蚀直接或间接地会引起管道损害，主要来自以下几个方面。

1. 大气腐蚀

大气中含有的腐蚀性物质极易腐蚀暴露在大气环境中的设施。例如：场站、阀室、套管、支架以及阴极保护系统的电气设施。所以要尽量采取有效的防腐手段防止金属表面裸露在大气中。

2. 管道内腐蚀

管道内腐蚀主要是输送介质所引起的腐蚀。如硫化氢腐蚀、冲刷腐蚀等。由于输送的石油产品中都含有硫化氢，而硫化氢属强腐蚀性介质，这就要求在输送过程中降低所输产品中硫化氢的浓度。同时可采用在输送介质中添加缓蚀剂和在内壁使用内涂层方法，将腐蚀速率降低，延长管道的使用寿命。

3. 埋地管道的金属腐蚀

这是损害埋地长输管道的主要因素，其原因主要是潮湿的土壤起到电解质的作用，维持着电化学反应环境，导致金属腐蚀的发生。目前管道主要采用阴极保护及采用防腐层进行保护。

6.2.5 第三方损坏因素

第三方损坏因素：主要是指非管道员工的行为而造成的管道意外损害。主要有以下几点：

1. 管道埋深的影响

土质覆盖层的主要优点就是保护管道免遭第三方侵害。正常情况下管道埋的越深，管道受到损害的可能性越小，但由于施工条件、地理状况、工程造价等原因往往不能埋的很深，因此，在这样的状况下，管道的安全运行是受到影响的。

2. 活动程度的影响

邻近管道地区的生产活动将会对管道运行产生直接影响，尤其管道附近的挖掘工作将大大增加管道损害的可能性。附近交通运输的车辆，尤其是那些重型卡车、动车以及高速行驶的车辆引起的振动，都会对管道安全运行产生较大影响。在某些地区的野生动物也会对管道产生影响。诸如大象、野牛都可能伤害到仪表测量设备以及管道的防腐层。

3. 人为因素的影响

主干管道打孔盗油的现象更是对管道运行安全的极大损害。另外地震灾害、地下爆破，这些剧烈振动对管道的影响也是非常大的。

6.3 输油管道运行的安全管理

根据长距离输油管道系统点多，线长、分散、连续和单一的特点，所输送的油品危险性大，泄漏后会污染环境，要保障管道安全运行，搞好安全管理非常重要。

6.3.1 线路维护

管道及附属设施的保护“应当贯彻预防为主的方针，实行专业管理与维护相结合的原则”。管道建设企业和管道运营企业除了在设计、运行时严格按有关规范及操作规程、规章制度执行外，对管线的保护工作主要有：

1. 自然地貌保护

自然地貌保护主要是对管道地面设施及地面一定范围内的水土状况进行检查维护，使处于一定的埋地深度的管道能保持一定的均压状态和稳定的温度场，从而达到保护管道的目的。为了确保管道安全，在管道两侧应规定一定宽度的防护带。

2. 线路标志、标识

为便于发现和寻找埋地管道的准确位置，满足维护管理、阴极保护性能测试的需要及防止其他施工对管道的破坏、紧急情况下的事故处理等，在管道沿线设置永久性的地面标志。特别是管线经过居民点，穿越公路、铁路、河流和转弯处或其他特殊位置，应设置明显的警示标志，以引起社会的重视与保护，避免因情况不明造成意外事故。标志的内容应写明位置、用途、注意事项及危险警示等。

3. 一般地段的保护

为了确保管道安全运行和事故情况下抢修的需要，管道两侧应留有一定宽度的防护带。在管道中心线两侧各 55 米范围内，严禁取土、挖塘、修渠、修建养殖水场，排放腐蚀性物质，修建建筑物等。对于河流、丘陵等地带都有相应的规范要求。

4. 穿、跨越管段的保护

长输管道的穿、跨越部分是线路的部分的薄弱环节，应加强保护。热油管道的河流跨越段，管外壁一般都设有防腐保温层。为了防止保温层和防腐层受到破坏，应禁止行人沿管道行走。如果保温层外侧的防护层受到破坏，保温材料很容易进水受潮。这不仅降低保温效果，而且还会腐蚀管道。河流穿越部分的管道需要采用加强级绝缘，增强管道的防腐能力。对于河流穿越部分，特别要注意管道的埋设和河床的冲刷情况。如果河水流速高，河床冲刷严重，应在管道外侧使用套管内灌混凝土的方法或用石笼加重，增加管道的稳定性，防止管道在水流作用下而悬空。

5. 特殊地区的线路保护

在水文、地质情况恶劣地区铺设的管道更需加强维护。我国西北部分地区气候干旱，生态环境十分脆弱。对于这种特殊地区除了设计、施工中采取有效的防护方案外，运行中要加强检查和维护，特别在汛期更要加大巡线力度。

6.3.2 线路巡查

加强巡线检查工作，做到及时检查，及时加固薄弱环节。一般每10千米左右设巡线员1名。企业负责人一般每月进行一次查线。企业应组织人员每半年用检漏仪和管道监测车进行防腐层质量和泄漏情况检查。对防腐层质量和管道热应力变形情况，也可以用挖坑的方法进行检查。

（1）巡线检查时发现薄弱环节及隐患，应及时进行维护。

（2）在巡线作业时，应对线路标志、标识进行检查。出现破损或油漆脱落的，应进行必要的维修、维护和重新刷油；线路标志、标识丢失的，应及时在原位置补齐，并分析原因，做好防范工作。有关标志、标识原始信息及维护记录应计入档案保存。

（3）积极配合当地政府向管道沿线群众进行有关管道安全保护的宣传教育。

6.3.3 管道系统设备的安全

各种设备的安全运行与管道系统的安全关系密切。各种设备都有其操作运行规程，必须严格执行。

1. 输油泵机组

（1）严格按照操作规程开启、关闭输油泵。

（2）切换输油泵时，应采用先启动后停运的操作方式。启泵前先降低运行泵的排量。

（3）应保证输油泵机组的监测，报警等保护系统正常运行。及时检测并记录泵机组主要运行数据。

（4）设备检修后重新投入使用时必须按规定进行验收，合格后才能投运。

2. 加热炉

（1）严格按照操作规程启动、关闭及运行加热炉。特别在点火前，应充分进行吹扫，排除炉膛内的可燃油气。启动和关闭时要按加热炉设计的升、降温曲线进行，以防止炉衬变形、脱落、损坏炉体。

（2）为防止原油结焦甚至烧穿炉管，造成事故，直接加热的加热炉在运行中，要注意炉管中油流的流速，防止过低或出现偏流现象。

（3）运行中按时对炉体，炉体附件和辅助系统进行检查。

（4）定期对加热炉的炉管进行检测和维修。

（5）定期清灰，并注意在清灰过程中所造成的环境污染问题。

（6）加强对备用加热炉的管理。为防止炉管腐蚀，应控制炉膛温度不低于水露点温度，停运的加热炉应关闭全部孔门，并采用几台加热炉轮流间歇运行，不要一台长期停运。

3. 油罐

在严格按照有关的安全设计、运行管理规范建造油罐和运行操作的基础上，需要注意以下问题：

（1）防止油罐发生“冒顶”事故。

油罐的进油高度应控制在安全液位范围内。特殊情况要超出此范围时，应报上级主管部门批准。不应超过油罐允许的极限液位。

（2）防止油罐发生瘪罐、胀裂事故。

当罐顶呼吸阀、阻火器等设备由于阻塞或冻结不能自由开闭时，在发油或收油作业时，因罐内压力过低或超高，就可能发生油罐抽瘪变形或油罐胀大，罐底提离等事故。因此，应定期检查、清洗阻火器、呼吸阀，并进行呼吸阀开启压力测试。

（3）防止发生浮顶罐浮顶沉没事故。

为防止浮顶因积水过多而造成浮顶沉没事故，应及时排除浮顶积水。

（4）防止因静电、雷击引发油罐火灾爆炸事故。

为了防止静电荷聚集，在日常运行中应定期检查油罐的接地装置是否正常，其接地电阻是否符合规定要求。油罐进油时流速不应过高，要待进、出油后静置一定时间后才进行取样和计量操作。应经常检查油罐的防雷设施，保证其处于正常状态。

6.3.4 输油管道系统安全运行管理

输油企业必须建立健全各级安全管理机构，建立健全各生产岗位和生产管理机构的安全操作规程和安全生产责任制，并确保贯彻执行。为保证输油管道安全、平稳地运行，在长距离输油管道的安全生产过程中，须注意以下几点：

1. 输油管道的生产调度管理

输油管道的调度是长输管道生产运行的指挥，管道运行中的流程切换、调整设定参数、紧急情况处理等。运行中应注意以下问题：

（1）严格执行管道设备的各种操作规程及安全规定。

（2）根据管道实际条件，鉴定与修正管道设备运行参数的临界值，以保证其安全运行。

（3）定期分析管道运行参数，对存在的问题提出相应整改措施。

（4）根据所输油品的基本理化特性，确定经济合理的运行参数、运行方案，以保证管道安全并使输油成本最低。

（5）对设备、工艺的改造需重新进行危险辨识，科学论证并报有关部门批准后实施。

2. 输油管道运行安全管理

在长距离输油管道的安全生产管理过程中，为了防止火灾爆炸事故，在严格执行各项安全生产的规章制度时，在提高员工安全意识方面须注意以下几点：

（1）各岗位、各生产调度系统的工作人员必须经过专门的培训，取得相应岗位作业合格证书方可上岗。

（2）对于进入生产区的外来人员，必须经安全教育培训方可进入生产区。

（3）建立、健全各项安全管理制度、操作规程，并赋予实施。

（4）泵站站内生产区的检修、施工用火，生活用火等均应填写用火申请票，上报主管单位审批，在符合动火条件下，方可动火。

（5）各输油生产单位都要建立、健全群众性义务消防组织。

6.3.5 输油管道的清管

投入正常运行的输油管道需要定期进行清管作业，以保证其安全经济运行。输油管道的清管作业不仅是清除遗留在管内的机械杂质等堆积物，还要清除管内壁上的石蜡、油砂等凝集物以及盐类的沉积物等。

1. 清管作业的主要内容

（1）准备工作。根据运行参数分析，计算管道的当量直径、结蜡量，确定清管周期，优化清管方案。

（2）选择清管器。确定清管器类型。

（3）清管前对系统的检查。包括清管器的收发系统，排污系统等。

（4）执行清管作业流程。包括操作流程，清管器跟踪，污物处理等。

（5）根据清管作业管理规程，操作人员和抢修人员在指定位置待命，准备执行应急抢修预案。

2. 清管作业的安全

清管作业时应结合清管方案认真作好准备工作，按照操作规程实施清管作业。

（1）首次清管作业时清管器应携带跟踪系统。

（2）清管作业前截断阀门应处于全开状态。

（3）清管作业中要保持运行参数稳定，及时分析清管器运行情况。

（4）若清管器在中途卡阻，应及时判定卡阻位置及原因。

（5）若管道有支线，应在预计清管器通过分支接点前后的一段时间内安排支线暂时停止作业。这可防止清管器扫下的蜡等污物进入支线，影响支线的正常运行。

6.4 输气管道运行安全管理

6.4.1 输气管道试运投产的安全措施

投产前，管道的天然气置换作业是最危险的作业，由于管道在施工中有可能遗留下石块、焊渣、铁屑等物，在气流冲击下与管壁相撞可能产生火花。此时管内充满了天然气与空气的混合物，若在爆炸极限范围内，就会引起爆炸。

置换过程及清扫管道放空时，大量天然气排出管外，弥漫在放空口附近，容易着火爆炸。管道升压及憋压过程中，可能出现爆管而引发的泄漏，造成天然气外泄事故。

天然气置换过程中升压要缓慢，操作要平稳，一般应保证天然气的进气速度或清管球的运行速度不超过 5 m/s，站内管线置换时，起点压力应控制在 0.1 MPa 左右。

置换放空时，根据情况适当控制放气量，先由站内低点排污，同时利用气体报警器测试排污点气体浓度，若天然气浓度超标时，改为高点放空点放空。

在放空口附近设置检测点，直至天然气中含氧量小于 2% 时，才能结束置换。

输气管道投产时常将天然气置换与通球清管作业结合进行，以减少混合气体段。

没有清管设施的管道和站内管网常常采用放喷吹扫。用天然气放喷吹扫时，应首先进行天然气置换，置换管内空气后，先关闭放空阀，待放空区域的天然气扩散后再点火放喷。

6.4.2 输气管道运行的安全措施

输气管道运行时，要严格控制管道输送天然气质量。天然气中有害杂质主要包括机械杂质、有害气体组分、液态烃等。应定期进行清管作业排除管内的积水和杂物。定期检查管道的安全保护设施是否正常，定期进行管道检测，检测管道腐蚀程度。要严格管道、设备压力保护设施的管理，防止因承压能力超限引起的事故。

6.4.3 输气站场的安全管理

（1）工艺流程的启运应符合技术规定，应确保切换工艺操作准确。越站流程应用于特殊工艺需要：气体流经站场装置压力损失过大和发生管网故障。反输流程应用于管道事故处理和输气方向变化情况。

（2）执行计划及调度指令调节输供气流量时，应做到准确，操作平稳。

（3）录取压力、温度要准确、及时，流量计算程序应符合规定，各参数取值应符合要求，正确计算气量并复核，报出气量无差错。

（4）在线气体质量监测（微水及硫化氢）全面，监测数据应准确、可靠。

（5）阴极保护送电率应不小于98%，录取通电点电位准确、及时，输出功率波动范围应符合要求。

（6）发清管器站应操作无误，并确保发器及时。收清管器站必须坚持职守，引器措施恰当。污物排放应符合环保及安全有关规定。

（7）站内设备维护保养应及时，确保开关灵活，无向外泄漏现象。

（8）各项记录资料、生产报表齐全，并妥善保管。

6.4.4 压缩机组的安全管理

（1）机组操作人员必须熟悉压缩机组工艺流程，了解机组结构、性能，严格遵守各项操作规程和有关安全规定。

（2）机组运行、启动前的检查应细致全面，准备工作充分。

（3）机组启动方式选择正确，操作无误。

（4）机组运行中，对控制室、机房、站场的工艺流程及设备等的检查，必须做到勤、细、准、全，输入、输出各显示参数值符合要求。

（5）机组停机步骤正确，停机工作完善。

（6）维护保养及时，在用设备完好率达到100%。

6.4.5 重要设备的安全管理

（1）管线、站场设置的关键设备，如在用线路截断阀、快开盲板，应坚持定期活动操作，宜每月全开全关活动一次，并作好记录，填写资料档案。

（2）对衔接高低压系统的重要阀门，必须密切监视阀前、阀后压力表示值，严防该阀内漏窜通，损坏低压系统的仪器仪表及其他意外事故的发生。

（3）站场受压容器的检测必须按劳动部颁发的《压力容器安全技术监察规程》和《在用压力容器检验规程》的规定进行。

6.5 管道抢维修施工作业

输油管道一旦发生事故，事故现场通常较为复杂，容易发生事故并伴有人身伤害。常见事故类型有：被施工机具或运输车辆撞伤；被动力机械绞伤或碰伤；被土石塌方压伤；被高温物体烫伤或烧伤；被高空下落物砸伤；跌落摔伤；缺氧窒息或中毒；电击伤等。

事故产生的主要原因可概括为以下几个方面：思想麻痹，对生产安全不够重视；员工缺乏必要的安全技术教育和培训，作业缺少完整的安全管理制度和作业规程；作业过程中不认真贯彻执行安全技术规程和安全管理制度。

6.5.1 一般要求

1. 施工现场的安全布置

施工现场应整齐清洁，布置有序。各种设备、材料和废弃物都要指定的堆放地点。施工现场的道路要通畅无阻，根据工程规模的大小、运输工具和施工机械的类型以及吨位合理确定道路的宽度，并按指定的路线行驶。行人不得穿越危险区，无关人员不得在现场通过或停留。在有车辆或行人通过的交通道路上施工管道时，要在作业区范围内设置拦挡设施，并设置醒目的警戒标志：白天配置红色旗帜，夜间设置红色灯具；必要时，经交通主管部门的同意，可以封闭道路。对于施工现场的各种室内外孔、洞、井、坑、楼梯、平台等都要设防护设施，在有车辆和行人通过时，同样应该设警戒标志。

在建筑物和构建物上固定索具装备，如果需要在楼板上堆放沉重的设备和材料时，事先要征求土建部门的意见。

未经允许禁止在施工现场存放易燃、易爆材料和其他有害物质，这些物质要存放在指定的安全地点，并有专门的人员进行管理。氧气瓶和乙炔发生器应该远离火源。在有火灾危险发生的地方，应该配备必要的消防器材和防毒器具。

现场用火作业应该设置在安全地点，周围不得有易燃物，应该由专人负责看管，并备有水桶、沙子、灭火器等消防设施。在可燃气体可能泄漏处施工时，要按规定划出防火区，禁止各种火源出现。

在遇到坚硬岩石或冻土情况，需用爆破方法开挖沟管时，必须严格按照爆破安全技术操作规程进行施工。在布置炮眼位置和确定装药量时，要注意不能对周围建筑物（特别是稠密的居民区）、构筑物和其他设施及其他管道造成破坏。爆破时要采取安全防护和警戒措施，必要时人员要离开危险区域。

高处作业或多层交叉作业要设安全栏杆、安全网、防护棚和警示围栏；脚手架、脚手板应该符合安全规定，跳板和斜道要铺放稳固，备有防滑措施；夜间施工要有足够的照明。

2. 安全防护

（1）作业人员的安全防护。

作业人员进入施工现场时，必须按要求穿戴好劳动保护用品，高空作业人员应该戴好安全帽、系好安全带；电、气焊作业人员应该戴好防护镜或防护面罩；电工应该穿好绝缘鞋；凡是与火、热水、蒸汽接触作业时，应该戴上防护脚盖或穿上石棉防火衣；女工应该戴好工作帽。

在有毒性、窒息性、刺激性或腐蚀性的气体、液体和粉尘管道场所工作或检修这类管道时，除应有良好的通风或除尘设施外，施工安装人员还要根据现场实际情况选择佩戴口罩、防护镜或防毒面罩等防护用具。特别是进入空气停滞、通风不畅的死角，如管道、容器、地沟、隧洞等处，必要时要对作业区的气体取样进行化验分析，确认无危险后方可进入施工；否则，要采取可靠的通风措施，以避免在工作中由于空气稀薄或中毒而引起伤亡事故。

在阴暗潮湿的场所（如隧洞、地沟、地下室）以及有水的金属容器内作业时，同时作业人员不得少于 2 人，而且穿戴上绝缘手套，穿好绝缘胶鞋，照明灯的电压为 12 V 安全电压，并设置防护罩。

（2）现场人员的安全防护。

① 现场人员严禁在起重机吊物下面通过或停留，不得随意通过危险地段。

② 现场人员应该随时注意运行的机械设备，避免被设备绞伤或尖锐的物体划伤。

③ 非电工人员严禁乱动现场内的电气开关和配电设施；未经允许不得随意接触使用非属本职工作的一切设备、设施和机具。

④ 未经允许不准擅自使用搭乘运料设施。

⑤ 对于多层交叉作业，如上下空间同时有人作业，中间必须有专用的防护棚或其他隔离设施，否则不得在下面工作。上下方各种操作人员必须戴安全帽。

⑥ 高空作业搭设的脚手架、跳板、梯子等必须牢固地绑扎在结构物或脚手架上。

⑦ 搬运或起吊材料设备时，要注意起重物和电线之间的间距，特别是要远离裸露的电线。

注意起重物的绑扎结扣要牢固可靠，防止松结脱扣，起重物的重心要低，防止倾覆。起吊时要有人将起重物扶稳，严禁甩动。

6.5.2 带压堵漏的作业安全管理与防护

油气管道突发介质泄漏是抢维修工程单位经常需要应对的紧急情况，而带压堵漏和带压密封工程是在泄漏事故发生以后，在不降低压力、温度以及泄漏介质的条件下，能快速消除设备的跑、冒、滴、漏，在缺陷部位创建带压密封装置的一门新技术。泄漏事故发生后，易燃气体、易爆气体、有毒气体、腐蚀性气体、高温气体、有毒粉尘等因素都会积聚在泄漏现场。据统计，国内在带压密封工程施工作业中，因忽视安全引起的泄漏现场爆炸、管道爆炸、阀门爆炸、烫伤等事故时有发生。2013 年 11 月 22 日青岛输油管道爆炸事故就是由于现场抢维修过程中，没有按照操作流程进行，现场处置人员采用液压破碎锤在暗渠盖板上打孔破碎，产生撞击火花，引发暗渠内油气爆炸，事故共造成 62 人遇难，136 人受伤，直接经济损失 7.5 亿元，教训是惨痛的。因此，在带压密封和压堵漏工程作业中必须贯彻“安全第一，预防为主”的安全生产方针。

1. 泄漏事故现场危害因素

泄漏事故发生后对带压堵漏作业人员会造成物理性和化学性两种危害因素，如果现场作业人员在工作中防护不当，化学性危害因素会造成带压堵漏作业人员中毒、窒息，若发生爆炸，还会造成人员伤亡。恶劣作业环境会在现场形成物理性危害因素：振动、噪声等。物理性危害因素会造成作业人员烫伤、打击、耳鸣和摔伤等。泄漏现场的化学性危害因素：易燃气体、易爆气体、有毒气体、粉尘、腐蚀性气体等泄漏介质。

2. 泄漏事故可引发的灾害性后果

泄漏事故可引发的灾害性后果主要有物理爆炸、化学爆炸、中毒、噪声性耳聋、烫伤、物体打击等。

（1）物理爆炸。

泄漏事故发生以后，在承压设备上必然存在着泄漏通道，在泄漏通道内的区域内一定存在着裂纹、缝隙、孔洞以及壁厚减薄等缺陷。这些缺陷的存在和扩张会逐渐的降低泄漏设备的承压能力，当这个承压能力低于泄漏介质的压力时，泄漏设备就会发生物理性爆炸事故。另外，可燃介质泄漏后，若引起火灾，将会在泄漏缺陷部位上形成高温，承压设备材料的强度极限会明显下降，当其承载能力低于某一数值时，就会导致泄漏设备的物理性爆炸事故。

（2）化学爆炸。

易燃、易爆介质泄漏以后，在事故现场会形成燃爆性混合气体。当这种气体的浓度在爆炸极限范围内时，只要遇到很小的点火能量，就可以引发化学爆炸事故。

（3）中毒。

带压堵漏作业人员接触到有毒介质后，会与人体组织发生化学反应，并在一定条件下破坏人体的正常生理机能，使其某些器官和系统发生暂时性或永久性的病变即中毒。窒息性泄漏毒物可引起作业人员体内氧输送系统障碍，阻碍氧的吸收、转运和利用，易发生脑和心肌缺氧损害。

（4）噪声。

泄漏噪声的强弱取决于泄漏介质压力和泄漏流量，但是泄漏噪声在 80 dB 以下时，一般不会造成耳聋，80—85 dB 可造成轻微听力损伤，85—90 dB 可造成少数人噪声性耳聋，90—100 dB 可造成一定数量作业人员的噪声性耳聋，而 100 dB 以上就会造成相当数量作业人员的噪声性耳聋。实际泄漏现场强度可达到数百分贝，长期从事带压堵漏作业人员极易发生噪声性耳聋病症。

（5）烫伤。

高温的泄漏介质和泄漏缺陷表面会使作业人员皮肤组织受损、细胞死亡，引起血液流失；皮肤的抗菌作用消失，引起伤口感染，严重时导致伤者休克。

（6）高速射流。

高速泄漏的流体具有很高的功能，如果泄漏介质直接喷射或泄漏介质夹带颗粒状物质作用到作业人员身体表面，则会造成冲击伤害。

3. 带压堵漏作业人员的安全防护

为保证带压密封作业安全、顺利的实施，带压堵漏作业人员必须依据现场泄漏的实际情况，严格遵守防火、防爆、防毒、防静电、防烫、防噪声、防尘等现行国家法规和标准的规定，佩戴符合国家标准的头部、眼面部、呼吸器官、听觉器官、手部、躯干以及足部的防护用品。

（1）头部防护。

在泄漏现场，对头部防护不当，容易遭受打击、烫伤等伤害事故。为避免头部在带压密封工程作业时遭到伤害，作业人员应该根据泄漏介质压力、温度等选择防尘帽、防水帽、防寒帽、安全帽、防高温帽以及防护头罩等，其质量必须符合《安全帽》（GB 2811）的规定。

（2）眼面部防护。

高速喷出泄漏介质、高温介质、腐蚀性介质等易造成作业人员眼损伤与烫伤、甚至失明等事故。为避免在带压密封作业时眼面部遭受伤害，作业人员应该根据泄漏介质的化学性质、压力、温度等选择具有防尘、防水、防化学飞溅功能的防护眼镜或面罩。

（3）呼吸器官防护。

在泄漏现场，呼吸器官是重点保护对象，选择防护用品的目的是防御有害气体、蒸汽、粉尘、烟雾等经呼吸道吸入。呼吸器官防护用品功能主要有防尘口罩和防毒面具，按型式又分为过滤式和隔离式两类。在带压堵漏工作时，应该根据泄漏现场情况选用呼吸器官防护用品，其质量必须符合《呼吸防护用品自吸过滤式防颗粒物呼吸器》（GB 2626—2006）的规定。

（4）手部防护。

在带压堵漏作业时，作业人员的手部将与泄漏介质接触，作业时必须根据泄漏介质的物理性质和化学性质选择防护用品。在处理油类介质泄漏时，应该佩戴耐油手套；在处理高温高压介质泄漏时，应该佩戴耐高温手套，其质量应该符合《森林防火手套》（LD 59）的规定。

（5）躯干保护。

带压堵漏作业人员躯干保护防护用品可选择防护服、防砸背心、防毒服、阻燃服、防高温服、防尘服等。作业时应该根据堵漏介质的物理性质和化学性质选择躯干防护用品。例如，在处理高温泄漏介质的伤害时，作业人员应该选择阻燃防护服；在处理易燃介质泄漏时，应该选择防静电服；在处理粉尘介质泄漏时，应该选择防尘服；在处理油类介质泄漏时，应该选择抗油拒水防护服。

（6）足部防护。

可供带压封堵与带压密封作业选择的足部防护用品有防尘防静电鞋、导电鞋、绝缘鞋、防砸鞋、防酸碱鞋、防油鞋、防水鞋、防寒鞋以及防刺穿鞋等，可以根据现场具体情况合理选择，现在已有动态密封作业时穿用的隔热、阻燃以及专用鞋。

（7）听觉器官防护。

堵漏现场伴有较强的噪声，会对作业人员的听觉器官造成一定的伤害，导致听力损失。为避免此类伤害，当现场噪声超过《工业企业厂界环境噪声排放标准》（GB 12348）的规定时，必须佩戴耳塞、耳罩或防噪声帽。

（8）高处作业防护。

在坠落高度基准面 2 m 以及 2 m 以上进行带压封堵或带压密封作业时，除了应该遵守《高处作业分级》（GB/T 3608）的规定以外，还应架设带有防护栏的防滑平台以及快速撤离安全通道，作业人员在作业时还应使用安全带。

4. 带压堵漏作业的现场管理

作业现场应该有一个统一的指挥机构，由领导、工程技术人员和有实践经验的工人组成。实施带压堵漏作业前，必须充分掌握泄漏部位介质的特性以及温度、压力等技术数据，分析泄漏原因，制定一套完整的堵漏方案。对可能发生的意外情况有所防范，采取相应的对策。

带压堵漏工作应该统一领导指挥，分工明确，相互协调，可以根据具体情况安排堵漏人员、监护人员、消防救护人员、后勤管理人员等，车间操作人员应该配合这项工作。现场操作时，除堵漏人员和监护人员外，其他人员应该站在警戒线外待命。堵漏人员严格按照操作规程和既定方案进行，出现新的情况应该及时向现场指挥人员汇报，以便及时采取措施解救。堵漏结束后，应该及时清理现场，恢复正常生产。

6.5.3 作业安全注意事项

油气管道的抢维修是在接触油气状态下进行的施工作业，在安全要求上除应该注意一般的管道施工中的安全问题外，还应注意以下几点：

（1）维修人员必须穿戴合适的防护用品，特别是在带油（气）作业场合，以防静电火花引起事故。

（2）抢修队伍到达抢修现场后，应该迅速查明油（气）泄漏情况，根据泄漏介质类别、泄漏量的大小、事故地点的风速以及风向，确定抢修现场的警戒范围。在该范围内，应该避免一切闲杂人员进入。

（3）在对管道进行施焊作业前，必须进行焊点周围可燃气体的浓度的测定与作业动火安全可靠性的测定鉴定，确定无爆炸危险后方可进行管道施焊作业。在施焊过程中，应该对焊点周围可能出现的泄漏作业跟踪检查和连续检测，发现情况应该立即停止施焊，待危险因素排除后方可重新进行施焊作业。

（4）管道维抢修作业坑应该保证施工人员的操作与施工机具的安装和使用。抢修作业坑应该按要求开挖，坑的两侧必须设有阶梯式上下安全逃生通道，安全逃生通道应该设置在动火点的上风向。作业坑坑壁应该根据土壤情况采用合适的放坡或固壁支撑，以防止出现坍塌事故。

（5）对用于管道带压封堵、开孔的机具和设备使用前应该认真检查，确保灵活好用，必要时应该提前进行模拟试验。进行管道封堵作业时，管道内的介质压力应该在封堵设备的允许压力范围内。采用囊式封堵器进行封堵时，应该避免产生负压封堵。

（6）抢修封堵作业时，若需要更换封堵隔离段的管道，对于输气管道应该将隔离段的天然气经开孔的放空口接上放空管点火放空，并用氮气对管道的天然气进行置换。对于原油管道应该将隔离段的原油经开孔的放空排放口排放掉，并做好污油的处理工作。在切割管道时，应该选用气动或电动防爆型切管机进行切管。对输气管道应该用棉纱或拖把将管道内的凝析油擦拭清理干净，同时将管壁上附着的腊层清除掉，管道两端打上黄油墙（黄油与滑石粉混合），防止施焊时两端封堵不严造成着火。

（7）维抢修作业时，应该配备足够的消防器材，如石棉被、灭火机和消防车辆等。

（8）管道维抢修作业结束后，应该及时对施工现场进行清理，使之符合环境保护要求。同时及时整理竣工资料并归档。

6.6　油气管道的腐蚀和缺陷检测

对油气管道危险因素应用的各种检测技术和监控技术可以使我们预先发现事故

征兆，据此发出预警并采取防范措施，保证油气管道运行安全。

6.6.1 外防腐层监测

埋地管道防腐层防腐效果与诸多因素有关，如老化、发脆、剥离、脱落，最终会导致管道腐蚀穿孔，引起泄漏。防腐层防腐功能变差也会影响阴极保护效果。因此，对地下管道防腐层状况定期评估，并有计划地对管道进行维护是预防因防腐层变质而引发管道腐蚀的重要手段。

目前常用的管道外腐蚀检测方法主要分两类：一是交流技术，主要包括 PEARSON（PS）皮尔逊法（电压梯度法）、电磁电流衰减法；二是直流技术，主要包括直流电位梯度法（DCVG 法）和密间隔电位法（CIPS 法）。

1. PEARSON（PS）皮尔逊检测

PEARSON 法检测基本原理：当一个交流信号加在金属管道上时，在防腐层破损点便会有电流泄漏入土壤中，这样在管道破损裸露点和土壤之间就会形成电压差，且在接近破损点的部位电压差最大，用仪器在埋设管道的地面上检测到这种电位异常，即可发现管道防腐层破损点。

2. 电磁电流衰减法（PCM 法）

电磁电流衰减法是一项检测埋地管道防腐层漏电状况的新技术，是以管中电流梯度测试法为基础的改进型防腐层检测方法，基本原理是在管道上施加一个直流的电流信号（4 Hz），用接收机沿管道走向每隔一定的距离测量一次管道电流的大小，当防腐层存在缺陷时电流就会加速衰减，通过分析管道电流的衰减率变化可确定防腐层的缺陷和漏电状况，从而评价防腐层的优劣。

3. 密间隔电位法检测（CIPS）

CIPS 法是沿管道以间隔 1 ~ 1.5 m 采集数据，绘制连续的开/关管地电位曲线图，反映管道全线阴极保护电位情况，当防腐层某处存在缺陷时，该处电流密度增大，使保护电位正向偏移，当这种偏移达到一定数量，在地表即可检测到，当 VOFF 低于 -850 mV（铜/硫酸铜参比电极）时，管道就会发生腐蚀。

4. 直流电压梯度法（DCVG 法）

是在有阴极保护管线的上方，通过测量地面上的电位梯度与土壤中的电流方向来确定缺陷的位置，与 CIPS 法相结合评价缺陷的类级。测量方法是在阴极保护站的阴极上串接一个中断器，使 CP 电流以一定的时间周期进行开/关，开/关时间通过 GPS 同步技术校正，确保与接收机同步。接收机也带有 GPS 同步系统，测量时一个电极探头在管线正上方，另一个探头在管道的一侧，两探头相隔 1 米左右，沿管线的走向每间隔 1 米测量一组数据，根据测量结果可准确判定缺陷位置和级别。

6.6.2 内腐蚀监测

管道发生腐蚀后，主要表现为管壁变薄，管壁出现蚀损斑、腐蚀点坑、应力腐蚀裂纹等。管道内腐蚀检测技术主要是针对管壁的变化情况进行测量和分析，得出被腐蚀管道的相关数据。目前常用的检测技术主要包括：漏磁检测技术、超声波检测技术、涡流检测技术、射线检测技术、基于光学原理的无损检测技术等。

1. 漏磁检测技术

漏磁检测技术因其可以检测出管壁微小的缺陷，应用较简单，数据可靠，可兼用于油、气管道等特点，应用广泛。其原理为钢管是铁磁性材料，在外加磁场作用下被磁化。若材料无缺陷时，磁力线绝大部分通过磁性材料且分布均匀，若材料表面或靠近表面存在凹凸、裂纹等缺陷，由于缺陷中导磁率较小，使通过该区域的磁力线弯曲，部分磁力线泄漏出材料表面，在缺陷部分形成泄漏磁场。用磁敏感元件对缺陷的泄漏磁场进行检测，将漏磁信号转换为电信号，经过记录、放大、A/D 转换、储存、整理、分析，就可以得到缺陷的位置、大小等信息。

一套完整的漏磁检测系统由检测器（管道中运行的智能检测器）、调试分析系统（地面上的室外、室内部分）组成。MFL 检测器发送前需要进行标准化调试，运行中检测到的数据需要处理分析，这些由地面上的调试分析系统完成。

2. 超声波检测技术

超声波检测技术主要是利用超声波的脉冲反射原理来测量管壁厚度。探头发射的超声波脉冲到达管壁后，反射回来由探头接收，根据接收时间间隔来检测管壁形状及厚度变化。这种方法的检测原理简单，能够检测到各种裂纹和管材夹杂等缺陷，能够对厚壁管道进行精确测量，并判别是管内壁还是外壁的缺陷。其缺点是超声波在气体中衰减很快，用于输气管道上需要耦合剂，才能更好地传输和接收超声波信号。超声波检测器主要由密封圈、里程轮、探头、超声仪器系统、数据处理记录系统、电源等组成，其中超声仪、数据记录仪、电源部分都装在密封舱内，以防与油气接触。

3. 涡流检测技术

涡流检测是以电磁场理论为基础的电磁无损探伤方法，其基本原理是利用通有交流电的线圈（励磁线圈）产生交变的磁场，使被测金属管道表面产生涡流，而该涡流又会产生感应磁场作用于线圈，从而改变线圈的电参数，只要被测管道表面存在缺陷，就会使涡流环发生畸变，通过感受涡流变化的传感器（检测线圈）测定由励磁线圈激励起来的涡流大小、分布及其变化就可以获取被测管道的表面缺陷和腐蚀情况。

根据涡流的基本特性可以看出，涡流检测适宜于管道表面缺陷的探伤，因此检测管道表面缺陷的灵敏度高于漏磁法。目前正在发展中的基于涡流检测理论的新技术主要包括：阻抗平面显示技术、多频涡流检测技术、远场涡流技术和深层涡流技术。

4. 射线检测技术

射线检测技术即射线照相术。它可以用来检测管道局部腐蚀，借助于标准的图像特性显示仪可以测量壁厚。该技术几乎可以适用于所有管道材料，对检测物体形状及表面粗糙度无严格要求，而且对管道焊缝中的气孔、夹渣和疏松等体积型缺陷的检测灵敏度较高，对平面缺陷的检测灵敏度较低。射线检测技术的优点是可得到永久性记录，结果比较直观，检测技术简单，辐照范围广，检测时不需要去掉管道上的保温层；通常需要把射线源放在受检管道的一侧，照相底片或荧光屏放置在另一侧，故难以用于在线检测；为防止人员受到辐射，射线检测时检测人员必须有严格的防护措施。射线测厚仪可以在线检测管道的壁厚，随时了解管道关键部位的腐蚀情况，该仪器对于保护管道安全运行是非常实用的。

5. 基于光学原理的无损检测技术

基于光学原理的无损检测技术在对管道内表面腐蚀、斑点、裂纹等进行快速定位与测量过程中，具有较高的检测精度且易于实现自动化。相比其他检测方法，该方法在实际应用当中有很大的优势。目前在管道内检测中采用较为普遍的光学检测技术包括CCTV摄像技术、工业内窥镜检测技术和激光反射测量技术。

管道检测的目标处在一个复杂而变化的内部环境（压力、温度、腐蚀等）和外部环境（周围土壤、腐蚀、第三方干扰等）下，检测过程受到以上因素的影响，检测精度会降低。

由于内检测环境等因素的影响，目前所有的内检测对于缺陷的探测、描绘、定位及确定大小的可靠性仍不稳定、不精确，检测设备还需要进一步改进。

目前在油气管道内检测上应用最多的是漏磁式与超声波检测器，两种检测器的原理不同，因而在检测对象、检测范围、检测结果及适用性上各有特点，有所不同。两种检测方法中，漏磁法操作较简单，对检测环境要求不高，检测费用低于超声波法。它可以检测出管壁各种缺陷，对检测金属损失把握较大，但对于很浅、长而且窄的细小裂纹就难以检测到。它的检测精度受到各种因素影响，壁厚越大，精度越低，使用范围一般在壁厚 12 mm 以下。

超声波检测则不同，它适于裂纹检测，且精度和可信度高，缺点是用于输气管时需要耦合剂，使其检测运行费用增加。检测结果的准确性及稳定可靠性除了与检测器的分辨率、仪器的机械、电子、计算机技术水平高低有关外，还与管道的运行工况有关，如管道中流动不稳定、检测器的运行速度过快或运动受阻等都会影响到测量结果。

6.7 输油管道的泄漏监测

随着国内长输管道的建设及运行管理水平的提高，管道泄漏监测技术也不断发展。应用管道泄漏监测系统，不仅能够及时发现泄漏位置，而且有利于防止泄漏事故的进一步发展，遏制重大事故发生，减少事故损失。

根据泄漏监测原理，现有的泄漏监测方法分为直接检测油气泄漏的直接监测法以及检测因泄漏而引发的流量、压力等物理参数变化的间接监测法。

直接监测法是测出泄漏的输送液体在地表的痕迹或挥发气体。如：利用检漏电缆、检漏光纤等测量泄漏后检测元件的阻抗、电阻率等特性变化来检测泄漏。或者采用有经验的管道管理人员进行巡线，通过观察来判断管道是否发生泄漏。有条件的话也可以机载仪器飞行巡线检查泄漏。

间接监测法是通过测量泄漏时管道系统的流量、压力、压力波等物理参数的变化来检测泄漏的方法。

目前，间接监测法主要有压力或流量突变法、体积或质量平衡法、实时模型法、声学法、压力梯度法以及负压力波法。

6.7.1 压力或流量突变法

管道工作正常时，管道出入口的流量、压力变化在一定的范围内。当管道发生泄漏时，出入口的管道瞬时流量、压力将发生变化，如果测得流量、压力变化比原来设定的大，则认为是管道泄漏引起的。

该方法使用简单，适用于稳定流的非压缩性液体，但无法估计泄漏点的准确位置，同时检测精度也不高。

6.7.2 体积或质量平衡法

基于质量守恒原理，一条没有泄漏的管道，当液体处于稳定流动下，流入与流出的质量流量是相等的。实时检测管道出口与入口流量，有一定的差值则表明管段内可能发生泄漏。由于所测流量与流体的各种性质（如温度、压力、密度、黏度）有关，从而使情况变得复杂，在实际应用中需要进行修正。由于管道瞬态工况会影响流量变化及准确测量，通常采用累计平均值来判断，这使检测时间增长并降低了检测精度。故采用质量平衡法检漏时，常需配合使用其他方法。

6.7.3 实时模型法

实时模型法是研究得最多的一种方法，它应用实时诊断系统与管道SCADA系统相结合，进行动态泄漏检测。这种方法的关键是建立准确的管道实时模型。定时取管道的一组实测参数作为边界条件，由实时模型计算管道中流体的压力、流量数值，然后将这些计算值与实测值做比较，当计算结果的偏差超过给定值时，即发出泄漏警报。现场实验表明，目前用实时模型法能检测出大于输量4%的泄漏量，定位精度较低，不足10%。

6.7.4 声学法

声学法指利用声音传感器检测沿管道传播的泄漏点噪音进行泄漏检测和定位。当管道内介质有泄漏时，由于管道内外存在压差，使得泄漏的流体在通过泄漏点到达管道外部时形成涡流，这个涡流就产生了振荡变化的压力或声波。这个声波可以传播扩散返回泄漏点并在管道内建立声场，其产生的声波具有很宽的频谱，分布在6~80 kHz之间。该方法是将泄漏产生的噪音作为信号源，由传感器接收这一信号，以确定泄漏位置和泄漏程度。

传统的声波检测是利用离散型传感器，即沿管道按一定间距布置大量传感器，因此这种方法成本很高。近年来，随着光纤传感技术的发展，已开始采用连续型光纤传感器进行泄漏噪声检测。使用光纤传感器替代大量的离散型传感器，不仅降低了检测成本，而且提高了检测能力。

6.7.5 压力梯度法

当管道正常输送时，管道的压力坡降呈直线；发生泄漏时，泄漏点前的流量变大、坡降变陡，泄漏点后的流量变小，坡降变平，沿管道的压力坡降呈折线状，折点即为泄漏点，进而可确定泄漏位置。

该方法只要在管道两端安装压力传感器，就可以检测出泄漏程度和泄漏点位置，简单、直观、易行。但管道在实际运行中，沿线压力梯度呈非直线分布，因此该方法定位精度较差，并且仪表测量对定位结果影响较大，可作为一种辅助手段与其他方法一起使用。

针对压力梯度定位精度差的问题，可通过建立反映管道沿程热力变化的热力和水力综合模型，求取更能反映实际情况的非线性压力梯度分布规律，以进行泄漏定位。

6.7.6 负压力波法

负压力波法是基于信号处理的一种检测方法，不需要建立管道的过程数学模型，利用信号模型，采用相关函数、频谱分析等方法，直接可分析可测信号，提取诸如方差、幅值、频率等模型特征，从而检测泄漏故障。

输气管道常见泄漏监测方法主要有质量体积平衡法、应用统计法、瞬态模型法、分布式光纤法及声波法，目前应用最广的为声波法。其检测和定位原理基于物体间的相互碰撞均会产生振动，发出声音，形成声波的原理所开发的泄漏检测系统。管道发生破裂时产生的音波沿着管道内流体向管道上下游高速传播，安装在管段两端的音波传感器监听并将捕捉到的音波波形，与计算机数据库中的模型比较，确定管道是否发生了泄漏及泄漏量等数值，同时根据管道在两端捕捉到的泄漏信号的时间差计算得到泄漏位置。

本章总结

本章主要介绍输油（气）管道的运行特点，通过对运行过程中的危险特性进行分析，对应采取相应的安全管理技术与方法。重点介绍了油气管道的腐蚀和缺陷检测技术，以及应急情况下的处理措施，对保证油气管道的正常运行具有重要意义。

思考题

（1）管道安全管理的重要性是什么？

（2）影响管道安全运行的因素有哪些？

（3）长输管道泄漏检测方法有哪些？

（4）管道内壁腐蚀检测和外防腐层检测的方法各有哪些？

（5）管道抢维修作业要做好哪些安全防护工作？

第7章　油库安全消防

教学目标：

1. 了解油库防火防爆的基础知识，掌握灭火的基本方法及常用灭火剂
2. 熟悉油库常见灭火器材的配置与使用方法，清楚灭火作战方案的制定要求，掌握掌油库各场所火灾的扑救方法

本章重点：

1. 油库灭火系统的组成
2. 泡沫灭火系统的计算

本章导读：油库是储存易燃、易爆等危险特性的场所，火灾爆炸危险性大，一旦发生事故就可能造成巨大的人身伤亡和财产损失，而且扑救十分困难。为了有效的预防和控制火灾爆炸事故，必须认真掌握防火防爆的基础知识，并且熟悉油库的消防工艺和设备，按规程操作，从而保证油库的安全。

由于油库储存着具有易燃、易爆、易蒸发等危险特性的石油产品，一旦失控，就会导致火灾、爆炸等危险事故的发生。若缺乏必要的安全技术知识、以及在事故发生时应采取有力措施的能力，将会增加事故危害的程度。为了保证石油库油品储运过程中的作业安全，严防事故发生；以及在事故发生时能采取积极有力的措施。要做好这一工作，必须先了解油品的燃烧特性。

7.1 防火防爆知识

7.1.1 油品的火灾危险性分类

油品的火灾危险是根据油品被引燃的难易程度划分的，而闪点是表示油品燃烧难易程度的重要标志，因此，《石油库设计规范》（GB50074—2014）将油品按闭杯闪点分为甲、乙、丙三类六个等级，见表7－1。

表7－1 石油库储存易燃和可燃液体的火灾危险性分类

类别		特征或液体闪点 Ft（℃）
甲	A	15℃时的蒸气压力 >0.1MPa 的烃类液体及其他类似的液体
	B	甲 A 类以外，Ft<28
乙	A	28≤Ft<45
	B	45≤Ft<60
丙	A	60≤Ft≤120
	B	Ft>120

表7－2 易燃和可燃液体的火灾危险性分类举例

类别		名称
甲	A	液化氯甲烷，液化顺式－2丁烯，液化乙烯，液化乙烷，液化反式－2丁烯，液化环丙烷，液化丙烯，液化丙烷，液化环丁烷，液化新戊烷，液化丁烯，液化丁烷，液化氯乙烯，液化环氧乙烷，液化丁二烯，液化异丁烷，液化异丁烯，液化石油气，二甲胺，三甲胺，二甲基亚硫，液化甲醚（二甲醚）
	B	原油，石脑油，汽油，戊烷，异戊烷，异戊二烯，己烷，异己烷，环己烷，庚烷，异庚烷，辛烷，异辛烷，苯，甲苯，乙苯，邻二甲苯，间、对二甲苯，甲醇、乙醇、丙醇、异丙醇、异丁醇，石油醚，乙醚，乙醛，环氧丙烷，二氯乙烷，乙胺，二乙胺，丙酮，丁醛，三乙胺，醋酸乙烯，二氯乙烯、甲乙酮，丙烯腈，甲酸甲酯，醋酸乙酯，醋酸异丙酯，醋酸丙酯，醋酸异丁酯，甲酸丁酯，醋酸丁酯，醋酸异戊酯，甲酸戊酯，丙烯酸甲酯，甲基叔丁基醚，吡啶，液态有机过氧化物，二硫化碳
乙	A	煤油，喷气燃料，丙苯，异丙苯，环氧氯丙烷，苯乙烯，丁醇，戊醇，异戊醇，氯苯，乙二胺，环己酮，冰醋酸，液氨
	B	轻柴油，环戊烷，硅酸乙酯，氯乙醇，氯丙醇，二甲基甲酰胺，二乙基苯，液硫

续表

类别		名称
丙	A	重柴油，20号重油，苯胺，锭子油，酚，甲酚，甲醛，糠醛，苯甲醛，环己醇，甲基丙烯酸，甲酸，乙二醇丁醚，糖醇，乙二醇，丙二醇，辛醇，单乙醇胺，二甲基乙酰胺
	B	蜡油，100号重油，渣油，变压器油，润滑油，液体沥青，二乙二醇醚，三乙二醇醚，邻苯二甲酸二丁酯，甘油，联苯－联苯醚混合物，二氯甲烷，二乙醇胺，三乙醇胺，二乙二醇，三乙二醇

7.1.2 燃烧与爆炸机理

燃烧是一种同时有光和热产生的快速氧化反应。从化学反应角度来看，一切燃烧均是氧化反应，但氧化反应并不是都属于燃烧。燃烧必须具备放出热量，发出光和氧化反应剧烈这三个特征。通常所见的燃烧仅指可燃烧在空气中与氧气发生剧烈的氧化反应。

任何物质发生燃烧必须具备一定的条件。在燃烧科学领域中通常用经典的燃烧三角形来解释。三角形的每一边代表着燃烧反应的一个条件，即可燃物、助燃物和着火热源。燃烧是可燃物质与氧发生剧烈氧化反应，并伴随着发光发热的现象，也就是说燃烧属于一种化学反应，必须具备发光、发热的特征。油品的燃烧具有其独特的性质。

1. 油品的燃烧特性

（1）突发性强。

油品火灾具有强烈的突发性。火灾的发生就在瞬间，由于油品热值高，具有较低的闪点和点燃能量，特别是汽油闪点和点燃能量极低。因此，油品着火后，传播速度极快，火焰温度可达到1 000℃以上。同时伴随着产生极强的热辐射。几种油品的燃烧速度见表7－3；几种油品燃烧时表面温度见表7－4。

表7－3 几种油品的燃烧速度

油品名称	密度/（kg/cm^3）	燃烧速度	
		直线速度/（cm/h）	质量速度/（$kg/m^2\cdot h$）
苯	0.875	18.9	165.37
航空汽油	0.73	12.6	91.98
车用汽油	0.73	10.5	76.65
煤油	0.835	6.6	55.11

表 7-4 几种油品燃烧时表面温度

油品名称	油品表面温度	油品名称	油品表面温度/℃
汽油	80	煤油	321~326
柴油	345~366	原油	300
重油	>300		

（2）先爆后燃。

当油罐内存油较少，气体空间较大，油气混合气体在爆炸极限范围之内，点火源引燃油气混合气体的条件下，爆炸后引燃油品。这种爆炸可能出现几种情况：油罐顶爆飞、掉入罐内、局部开裂；油罐壁板开裂、塌陷；油罐底板与壁板连接的丁字焊缝开裂，甚至罐体移位等。油罐顶部损坏时，一般燃烧呈稳定状态。这时火势大、火焰高。罐内油位较高时，下风方向的火舌可卷出 10 m 远。油罐壁板损坏部位在液位以上时，燃烧与罐顶损坏类似。损坏部位在液位以下，由于罐内部分油品流出，将引起火灾的扩大。油罐底板与壁板连接的丁字焊缝开裂和油罐移位时，由于罐内油品全部流出，将造成大面积的火灾。

（3）先燃后爆。

一是油罐发生火灾时，罐内气体空间油气浓度大于爆炸极限，燃烧中大量空气进入罐内稀释，使油气混合气体达到爆炸极限，回火引起爆炸。二是油罐在火场高温火焰作用下，罐内油品蒸发加快，压力急剧增加，当压力超过油罐所能承受的极限压力时，发生物理性爆炸。三是火灾油罐的相邻油罐，在火焰和热辐射的作用下，罐内油品不断蒸发，通过油罐呼吸系统排向大气，与周围空气形成爆炸性混合气体，燃烧油罐的火焰或高温引燃爆炸。四是当火灾油罐采取罐底导流排油时，如流速过快，罐内形成负压发生回火，引燃罐内爆炸性混合气体发生爆炸。上述四种情况的先燃后爆，都会造成火灾的蔓延扩大。

（4）稳定燃烧。

当油罐内液位较高，气体空间较小，油气混合气体过浓的条件下，以及油罐、铁路油罐、汽车油罐的人孔、呼吸阀、测量孔等处有油气混合气体排出，遇点火源发生火灾时，则出现火炬状的稳定燃烧。但如果条件发生变化，有新鲜空气进入罐内空间，稀释油气混合气体，浓度达到爆炸极限，也可能引起爆炸。另外，失控流淌的油品、敞口容器内的油品发生火灾的时候，一般都是稳定燃烧。

（5）爆后不燃。

当罐内油品的温度低于闪点，气体空间油气混合气体又处于爆炸浓度范围之内；或者储存过轻质油品的空油罐、空油桶及其他容器；还有积聚爆炸性油气混合气体的油罐室、巷道、泵房、管沟、低洼处等，遇点火源爆炸时，爆炸后如无可燃物继续供给，或爆炸后的温度不足以点燃高闪点油品，则爆炸后不再继续燃烧。

（6）突沸喷溅。

储存重质含水油品或有水垫层重质油品罐发生火灾时，由于热辐射和热波的作用，可能发生突沸或喷溅。一般来说，起火后30～60 min可能发生突沸（与油品含水量有关）。发生喷溅的条件是油罐底要有水垫层或积水。发生喷溅的前兆是：罐内油面发生蠕动、涌涨、出现泡沫；火焰增大，发亮变白；烟色由浓变淡；罐内出现激烈的“嘶嘶”声等。喷溅也可根据燃烧时间、热波的传播速度和罐内油面高度进行估算。热波的传播速度见表7－5。

表7－5　不同油品的热波传播速度

油品名称		热波传播速度/（cm/h）
轻质原油	含水0.3%以下	38～90
	含水0.3%以上	43～127
重质原油和重油（含水0.3%以下）		50～75
重油（含水0.3%以上）		30～127

注：热传播速度系指由液面向液体深度传播的速度。

（7）热辐射强。

油罐火灾因火焰火势高，燃烧猛烈，速度快，火焰温度高，所以热辐射强，而且热辐射强度与燃烧面积、燃烧时间、相对位置、距离和风向有关。燃烧面积大、时间长、距离近、下风方向热辐射强，反之则弱。表7－6是2 000 m^3油罐着火时热辐射测定的资料。热辐射对火灾周围的油罐、设施，以及扑救工作的顺利进行影响很大。

2. 爆炸现象及特征

爆炸是一种极为迅速的物理或化学的能量释放过程。在此过程中，体系内的物质以极快的速度把其内部所含有的能量释放出来，转变成机械能、光和热能量形态。所以，一旦发生爆炸事故，就会产生巨大的破坏作用。爆炸发生破坏作用的根本原因是构成爆炸的体系存有高压气体或蒸汽的骤然膨胀。爆炸体系和它周围的介质之间发生急剧的压力突变是爆炸的最重要特征，这种压力突跃变化也是产生爆炸破坏作用的直接原因。油库储存着大量易燃易爆的油品，由于轻质油品的挥发性，油库储存及作业的很多场合都存在着爆炸环境。了解爆炸的现象、特征、条件等，有利于加强油库的防爆安全。

表 7-6　2 000m³ 油罐着火时热辐射测定值

燃烧油品	风速/(m/s)	气温/℃	辐射温度/℃								
			D			1.5D			2D		
			上风	侧风	下风	上风	侧风	下风	上风	侧风	下风
汽油	0.5	14	28	34	75	22	21.5	40	18	20.5	30
汽油	1.1	25	41	80	87	28	60	65	28	39	45
航空汽油	2.1	18	20	29	55	21	22	25	19	25	52
汽油	1.0	18	24	32	60	21	24	26	20	19	24
汽油	3.1	18	36	46	85	26	32	54	25	26	40
汽油	2.8	27	20	56	76	33	43	57	20	32	45
原油	2.2	13.5	26	30	49	22	31	31	-	25	25

注：油罐直径 D = 15.3 m，燃烧面积为 184 m²

爆炸可以由各种不同的物理成因或化学成因所引起。我们按照引起爆炸过程发生的原因，把爆炸现象分成物理爆炸、核子爆炸、化学爆炸等三类。

物理爆炸现象：由物理原因引起的爆炸，最常见的是蒸汽锅炉和高压气瓶的爆炸。

核子爆炸：核爆炸的能源是核裂变（如 U^{235} 的裂变）或核聚变（如氘、氚、锂核的聚变）反应所释放出的核能。核爆炸反应所释放出的能量比炸药爆炸放出的化学能要大得多，集中得多。核爆炸时可形成数百万到数千万度的高温，在爆炸中心区造成数百万大气压的高压，同时还释放出大量的热辐射和强烈的光，此外还要产生各种对人类生存有害的放射性粒子，造成地区长时间的放射性污染。总之，核爆炸比物理和化学爆炸具有大得多的破坏力。核爆炸的能量约相当于数万吨梯炸药爆炸的能量。

化学爆炸现象：由物质以极快的速度发生放热的化学反应，产生高温高压的气体而引起的爆炸称为化学爆炸。化学爆炸前后，物质的组分和性质均发生了根本的变化。化学性爆炸按爆炸时物质发生的化学变化又可为三类：第一类是简单分解爆炸。引起简单分解的爆炸物，在爆炸时并不一定发生燃烧反应。爆炸所需的能量是由爆炸物本身分解时放出的分解热提供的。例如高压存放下的乙烯、乙炔发生的爆炸就属于这类情况。第二类是复杂分解的爆炸。这类物质爆炸时伴有燃烧现象，燃烧所需之氧由本身分解时产生，爆炸后往往把附近的可燃物点燃，引起大面积火灾。大多数炸药和一些有机过氧化物均属此类。第三类是爆炸性混合物的爆炸。这类爆炸发生在气相里，可燃气体、可燃液体的蒸气、可燃粉尘与空气混合所形成的混合物的爆炸现象均属此类。这类物质需要具备一定的条件，它们的危险性较上两类物质小。但由这类物质和简单分解爆炸物造成的事故很多，损失很大，此类事故几乎存在于工业、交通、生活等各个领域，因而危害很大。气相爆炸分类见表7－7所示。

表7－7 气相爆炸分类

类别	爆炸原因	举例
混合气体爆炸	可燃性气体和助燃气体以适当的浓度混合，由于燃烧的迅速加剧转化成爆炸	空气和由烷、汽油节气构成混合气的爆炸
气体的分解爆炸	单一气体由于分解反应产生大量分解热引起的爆炸	乙炔、乙烯等气体在分解时引起爆炸
粉尘爆炸	分散在空气中的可燃粉尘，由于快速燃烧引起的爆炸	空气中飘浮的面粉、亚麻纤维、镁粉等引起的爆炸
喷雾爆炸	可燃烧体被喷成雾状分散在空气中，在剧烈燃烧时引起的爆炸	油压机喷出的油雾、喷漆作业引起的爆炸

7.2 灭火的基本方法及常用灭火剂

7.2.1 灭火基本方法

可燃物质发生燃烧和燃烧传播必须具备几个条件，缺一不可。灭火就是为了破坏已产生的燃烧条件，抑制燃烧反应过程的继续。根据燃烧原理和灭火实践，灭火的基本方法有：窒息法、冷却法、隔离法和负催化抑制法四种。各种灭火方法都有其特点，他们的效能是相辅相成的，在实际灭火中，应根据火灾的性质特点，具体分析，采取相应的灭火方法。一般是两种或三种方法相结合进行。

1. 窒息灭火法

窒息灭火法就是阻止空气进入燃烧区，或用不燃物质冲淡空气使燃烧物质断绝氧气的助燃而熄灭。减少空气中氧气含量的灭火方法，适用于扑救密闭房间的生产装置设备内发生的火灾。这些部位发生的初期，空气充足，燃烧发展比较迅速。随着燃烧时间的延长，由于封闭在这些部位内部的空气（氧气）越来越少，烟雾及其他燃烧的产物逐渐充满空间，因此，燃烧的不完全性加强，燃烧强度降低。当空气中氧的含量低于9%～18%时，燃烧即将停止。

在火场上运用窒息的方法扑灭火灾时，可采用石棉被、浸湿的棉被、帆布等不燃或难燃材料，覆盖燃烧物或封闭空洞；用水蒸气、高倍数泡沫充入燃烧区域；利用建筑物上原有的门窗以及生产设备上的部件，封闭燃烧区。利用窒息法扑灭火灾，只有燃烧部位空间较小，容易堵塞封闭，并在燃烧区域内没有氧化剂存在的条件下，才能采取这种方法。在采取窒息方法灭火时，必须在确认火已熄灭，方可打开孔洞进行检查。严防因过早地打开封闭的孔洞而使新鲜空气流入燃烧区，引起复燃。

2. 冷却灭火法

冷却灭火法就是将灭火剂直接喷洒在燃烧物质的物体上，将可燃物质的温度降低到燃点以下，终止燃烧，是扑救火灾的常用方法。在火场上，除用冷却法扑救火灾外，在必要的情况下，可用冷却剂冷却建构筑物构件、生产装置、设备容器，减少遭受火焰辐射，防止结构变形和火灾蔓延扩大。

3. 隔离灭火法

隔离灭火法就是将燃烧物体与附近的可燃物质隔离或疏散开，使燃烧停止。这种方法使用于扑救各种固体、液体、气体火灾。采用隔离灭火法的具体措施有：将火焰附近的可燃、易燃、易爆，从燃烧区内转移到安全地点；关闭阀门，阻止气体、液体流入燃烧区；排除生产装置、设备容器内的可燃气体和液体；设法阻拦流散的易燃、可燃液体或扩散的可燃气体；拆除与火源相毗连的易燃建构筑物，形成防止火势蔓延的空间地带；以及用水流封闭等方法扑救稳定性火炬型火灾。

4. 负催化抑制灭火法

负催化抑制灭火法是使灭火剂参加到燃烧反应过程中去，使燃烧过程产生的游离基消失，而形成稳定分子或低活性的游离基，使燃烧反应终止。干粉灭火剂属于参与燃烧过程中断燃烧连锁反应的灭火剂。故使用这类灭火剂时必须将灭火剂准确地喷射在燃烧区内，使灭火剂参与燃烧反应，否则，将起不到抑制燃烧反应的作用，达不到灭火目的。负催化抑制灭火法的灭火速度较快，但也易复燃，因燃烧区内的可燃物温度短时间降低幅度不大，一旦新鲜空气得到补充，活性基团增多，若不采用其他灭火剂覆盖冷却极易复燃。

7.2.2 油库常用灭火剂

灭火剂是能够在燃烧区域内有效地破坏燃烧条件，中止燃烧而达到灭火目的的物质。其灭火机理在于当灭火剂被喷射到燃烧物质和燃烧区域后，通过一系列的物理化学作用能使燃烧物冷却，燃烧物与氧气隔绝，燃烧区内氧的浓度降低，燃烧的链锁反应中断，最终导致维持燃烧的必要条件受到破坏，从而停止燃烧反应，起到灭火作用。因此选用灭火剂必须具备以下条件：要求灭火效率高，能以最快的速度扑灭火灾；要求使用方便，设备简单；来源丰富，灭火费用低，投资成本少；并且对人体或物质基本无害，气味过重或腐蚀有害的都不适宜。因此必须了解各种灭火剂的性能，灭火原理和适用范围。

目前使用的灭火剂，除水以外，已发展到许多种类型，有泡沫，干粉，二氧化碳及烟雾等等。灭火剂的灭火效果，不但需要相应的灭火设备和器材的配合，重要的是根据他们各自的不同性能，正确的应用到不同的灭火场合，才能充分发挥其作用。因此掌握各种灭火剂的性能，灭火原理及适用范围，正确的选用灭火剂，对防火灭火具有重要作用。

1. 水蒸气

水是最常用的天然灭火剂，水和水蒸气都是不燃性物质。水的密度比油大，又不溶于石油产品。故用水直接射向油品燃烧面，非但不能扑救油品火灾，反而能因液面升高或者油滴飞溅而使火灾扩大。只有把水喷洒在燃烧物上，吸热后变成水蒸气，才能起到冷却和降温作用，控制火势蔓延和发展，所以多以雾状水的形式来进行灭火，冷却降温效果比较好。水和水蒸气的灭火机理主要是冷却作用和窒息作用。

（1）冷却作用。

水的比热和蒸发潜热都比较大，每公斤水可吸收 2.57 × 103KJ 的热量。当水与炽热的燃烧物质接触被加热的汽化过程中，会大量吸收燃烧物的热量，降低燃烧物的温度而灭火。

（2）窒息作用。

雾状水滴与火焰接触后，水滴很快变成水蒸气，体积急剧增大，每公斤水大约可转化为 1.7 立方米水蒸汽，使保护面积扩大，阻止空气进入燃烧区，降低燃烧区域内氧的含量。在一般情况下，空气中含有 30% 体积浓度以上的水蒸气，燃烧就会停止。

（3）乳化作用。

雾状水滴与重质油品相遇，在油品表面形成一层乳化层，可降低燃烧油品蒸发速度，促使燃烧停止。

（4）冲击作用。

水由消防泵加压后，可达0.588～1.471 MPa，具有很大的动能和冲击力，可以冲散燃烧物，使燃烧物强度显著降低。

水和水蒸气的灭火应用范围是受到限制的。水主要用来冷却油罐及相应的装卸油设施。雾状水可扑救原油，重油及一般可燃性物质火灾，可以扑救槽车，低液位小直径储罐及装卸油栈桥，阀门及泵房的火灾，但不易扑救与水能起化学反应的物质火灾。水不能直接扑救带电电器设备火灾。水蒸气适宜于扑救油库泵房，灌桶间，面积小于500 m^2 的厂房，污水处理场地的隔油池火灾，但不适宜于扑救与水蒸气能发生爆炸事故场合的火灾。

2. 二氧化碳灭火剂

二氧化碳是无色无味，不燃烧，不助燃，不导电，无腐蚀性的惰性气体，其物理性质如表7－8。

表7－8　二氧化碳物理性质

分子量	44
熔点（℃）	－56
升华点（℃）	－78.5
临界温度（℃）	31
临界压力（MPa）	7.149
临界容积（m^3/kg）	0.51
临界密度（kg/m^3）	0.46
液态比重（0℃，3.485 6 MPa）	0.914
蒸气压（MPa）	5.786

灭火用的二氧化碳一般是以液态灌装在钢瓶内，依靠二氧化碳的蒸发作用喷射出雪花状固体颗粒的干冰。这些干冰的温度为－78.5℃，能吸收燃烧物的热量，每公斤液态二氧化碳气化时需要579 KJ的热量，导致液体本身温度急剧下降，使其冷却。同时，干冰遇热后即升华为气态二氧化碳，覆盖与燃烧物表面，冲淡空气中氧的含量，当燃烧区域空气中氧的浓度低于12%或二氧化碳体积浓度达到30%～35%时，绝大多数火焰会自动熄灭。

二氧化碳适宜于扑救600 V以下带电电气设备，珍贵仪器设备，易燃可燃材料和燃烧面积不大的油品等处的火灾。如泵房，灌装间，加油站等处的火灾，不适宜于扑救本身能供氧的化学物质。如钾钠铝镁等金属及金属氧化物的火灾。还要注意二氧化碳对铝制件有腐蚀作用。

3. 干粉灭火剂

干粉灭火剂又称粉末灭火剂。它是一种干燥的，易于流动的微细固体粉末，一般借助于专用灭火器或灭火设备中的气体压力，将干粉从容器中喷出，以粉雾的形式灭火。

干粉灭火剂是由灭火基料，少量防潮剂和流动促进剂，结块防止剂组成的微细固体颗粒。基料含量一般在90%以上，添加剂量在10%以下。由于这类灭火剂具有灭火效力大，灭火速度快，无毒不腐蚀不导电，久储不变质等优点，是石油库中主要的化学灭火剂。

干粉灭火剂按其适用范围，主要分为BC类、ABC类及D类。详见表7－9。

表7－9　干粉灭火剂分类

分类	品种	使用范围
BC类（普通）	以碳酸氢钠为基料的改性钠盐干粉	扑救可燃液体，可燃气体，及带电设备的火灾。
	以碳酸氢钠为基料的钠盐干粉	
	以碳酸氢钠为基料的紫钠盐干粉	
	以氯化钾为基料的钾盐干粉	
	以尿素和碳酸氢钠（钾）反应物为基料的氨基干粉	
ABC类（多用）	以磷酸盐为基料的干粉	扑救可燃固体，液体，气体及带电设备火灾。
	以聚磷酸氨为基料的干粉	
	以硫酸鞍和磷酸铵盐的混合物为基料的干粉	
D类	以氯化钠为基料的干粉	扑救轻金属火灾
	以碳酸钠为基料的干粉	
	以氯化钾为基料的干粉	
	以氯化钡为基料的干粉	

干粉灭火剂的灭火原理主要是通过负催化抑制作用和“烧爆”作用。

（1）负催化抑制作用。

燃烧反应是一个连锁反应，靠大量的活性基因来维持。当大量的粉粒以雾状形式喷向火焰时，可以吸收火焰中大量的活性基因，使其数量急剧减少，并中断燃烧的连锁反应，从而使火焰熄灭，起到负催化作用或抑制作用。

（2）“烧爆”现象。

某些化合物如带有一个结晶水的草酸钾，或尿素与碳酸氢钠的反应产物，与火焰接触时，其粉粒受高温的作用，可以爆裂成许多更小的颗粒。这样使火焰中粉末的表面积急剧增大，增加同火焰的接触面积，从而产生“烧爆”现象，具有很强的灭火效力。

（3）其他作用。

使用干粉灭火时，浓云般的粉雾包围了火焰，可以减少火焰对燃料的热辐射；同时粉末受高温的作用，将会放出结晶水或发生分解，不仅可吸收火焰的部分热量，而分解生成的不活泼气体又可稀释燃料区内氧的浓度。当然这些作用对灭火的影响远不如抑制作用大。

干粉灭火剂是装在手提式干粉灭火器，推车式干粉灭火器及大型干粉灭火车中，也有装在大型固定式干粉灭火器中使用的。干粉灭火剂对燃烧物的冷却作用极微，扑救较大面积火灾时，如灭火不完全或因火场中炽热物的作用，容易引起复燃，需与喷雾水流配合，以改善灭火效果。扑救非可溶性可燃、易燃液体的火灾时，如干粉与氟蛋白泡沫或轻水泡沫联用，干粉有利于迅速控制火势，泡沫则可有效地防止复燃。干粉灭火剂不能与蛋白泡沫联用，因为干粉灭火剂对蛋白泡沫和一般合成泡沫有较大的破坏作用。

4. 泡沫灭火剂

能够与水混溶，并可通过化学反应或机械方法产生灭火泡沫的药剂，成为泡沫灭火剂。按照泡沫生成机理。泡沫灭火剂可分为化学泡沫灭火剂和空气机械泡沫灭火剂两大类。化学泡沫灭火剂已基本淘汰，这里不再介绍。

用机械方法把空气吸入含有少量泡沫液的水溶液中所产生的泡沫称为空气机械泡沫，简称空气泡沫。空气泡沫按泡沫的发泡倍数，可分为低倍数泡沫，中倍数泡沫和高倍数泡沫三种。一般发泡倍数在 20 倍以下为低倍数泡沫灭火剂；发泡倍数为 20 ~ 200 倍属于中倍泡沫灭火剂。高倍数泡沫灭火剂发泡倍数为 200 ~ 2 000 倍。依据发泡剂的类型和用途，低倍数泡沫灭火剂又可分为蛋白泡沫、氟蛋白泡沫、轻水泡沫灭火剂、合成泡沫灭火剂和抗溶性泡沫灭火剂 5 种。

泡沫灭火剂的性能主要以泡沫灭火剂的发泡性，热稳定性，抗烧性和流动性的好坏来衡量。灭火作用主要是通过灭火泡沫在燃烧物表面形成泡沫覆盖层，隔绝空气同燃烧表面接触，遮断火焰的热辐射，阻止燃烧物本体和附近可燃物质的蒸发。同时泡沫析出的液体对燃烧表面进行冷却，泡沫受热蒸发产生的水蒸气又可降低燃烧物附近氧的浓度，都在不同程度上破坏燃烧的条件，达到灭火的目的。

（1）蛋白泡沫灭火剂。

蛋白泡沫灭火剂是以动物性蛋白质或植物性蛋白质的水解浓缩液为基料，加入适当的稳定剂，防腐剂和防冻剂等添加剂的起泡性液体。按与水的混合比例来分，有6%和3%两种；按制造原料来分，有植物蛋白和动物蛋白两种。目前生产的，以动物蛋白型居多。

蛋白泡沫灭火剂主要作用于扑救各种不溶于水的可燃、易燃液体，如石油产品，油脂等火灾，也可用于扑救木材等一般可燃固体的火灾。由于蛋白泡沫具有良好的热稳定性，因而在油罐灭火中被广泛应用。还由于它析液较慢，可以较长时间密封油面，所以防止油罐火灾蔓延时，常将泡沫喷入未着火的油罐，以防止附近着火油罐的辐射热引燃。使用蛋白泡沫扑救原油及重油贮罐火灾时，要注意可能引起的油品沸溢或喷溅。因为原油或重油在燃烧一段时间后，会在油面上形成一个热油层，其温度高于水的沸点，随着燃烧时间的延长，油层的厚度也逐渐增加，这时把泡沫喷到热油层上时，将使泡沫中的水迅速汽化，并夹带油品，形成大量燃烧着的油品从罐中溢出或喷溅出来。

蛋白泡沫灭火剂不能用于扑救醇类、酮类、醚类等水溶性液体的火灾，也不能用于扑救加醇汽油（含醇量在10%以上）、电气、气体等火灾，不能采用液下喷射的方式扑救油罐火灾，不能与一般的干粉灭火剂联用。

（2）氟蛋白泡沫灭火剂。

含有氟碳表面活性剂的蛋白泡沫灭火剂称为氟蛋白泡沫灭火剂。为了克服蛋白泡沫流动性较差、抗油类的污染能力低及灭火效率不高等特点，研制成“6201”氟碳表面活性剂，并制成添加了“6201”预制液的氟蛋白泡沫灭火剂，应用于大型油罐的泡沫液下喷射灭火系统。6%型和3%氟蛋白泡沫液中分别含有1%和2%体积浓度的“6201”预制液。

氟蛋白泡沫灭火剂的灭火原理与蛋白泡沫基本相同。由于“6201”氟碳表面活性剂是憎油性的，具有高效的表面活性作用，在泡沫液和水的混合液中含有少量的“6201”氟碳表面活性剂，则可大大改变泡沫的性能，它可以提高泡沫的耐火性和流动性，降低表面张力，提高泡沫抵抗油类污染的能力，灭火效率大大优于蛋白泡沫灭火剂。

氟蛋白泡沫灭火剂的使用方法与蛋白泡沫灭火剂相同。它主要作用于扑救各种非水溶性可燃，易燃液体和一般可燃固体的火灾，特别被广泛应用于扑救非水溶性可燃，易燃液体的大型储罐、散装中转装置、生产加工装置、油码头的火灾及飞机火灾，在扑救大面积油类火灾中，氟蛋白泡沫与干粉灭火剂联用则效果更好。它的显著特点是可以采用液下喷射的方式扑救油罐火灾，但使用液下喷射方法扑救原油及重油火灾时要慎重，注意防止油品的沸溢或喷溅。

（3）轻水泡沫灭火剂。

轻水泡沫灭火剂又称水成膜泡沫灭火剂，是一种高效泡沫灭火剂。它是由氟碳表面活性剂、无氟表面活性剂和改进泡沫性能的添加剂（泡沫稳定剂、抗冻剂、助溶剂以及增稠剂等）及水组成。

"轻水"泡沫扑救石油产品的火灾时靠泡沫和水膜的双重作用。其中泡沫起主导作用。"轻水"泡沫灭火剂中由于氟碳表面活性剂和其他添加剂的作用，具有非常好的流动性。当把它喷射到油面上时，泡沫能迅速在油面上展开，并由于氟碳表面活性剂和无氟表面活性剂共同作用，形成一层很薄的水膜，这层很薄的水膜漂浮于油面上使可燃性油与空气隔绝，阻止燃油的蒸发，并有助于泡沫的流动，加速灭火。

"轻水"泡沫灭火剂主要适用于扑救一般非水溶性可燃、易燃液体的火灾，且能够迅速地控制火灾的蔓延和扑灭火灾，它与各种干粉灭火剂联用时，效果更好。"轻水"泡沫也与氟蛋白泡沫一样，可以采用液下喷射的方式扑救油罐火灾。还因为"轻水"泡沫具有非常好的流动性，能绕过障碍物流动，所以用于扑救因飞机坠毁、设备破裂而造成的流散液体火灾，效果也很好。

"轻水"泡沫灭火剂的使用混合比为6%和3%，适用于通用的低倍数泡沫灭火设备，使用方便。但是"轻水"泡沫的25%折液时间很短，仅为蛋白泡沫或氟蛋白泡沫的1/2左右，因而泡沫不够稳定，消失较快，它对油面的封闭时间和阻回燃时间也短，所以在防止复燃与隔离热液面的性能方面，不如蛋白泡沫和氟蛋白泡沫。此外，"轻水"泡沫如遇已烧得灼热的油罐壁时，容易被罐壁的高温破坏，失去水份，变成极薄的泡沫骨架，这时，除需用水冷却罐壁外，还要喷射大量的新鲜泡沫。

"轻水"泡沫灭火剂不能用于扑救水溶性可燃、易燃液体和电器及金属火灾。

（4）抗溶性泡沫灭火剂。

用于扑救水溶性可燃液体火灾的泡沫灭火剂称为抗溶性泡沫灭火剂。由于水溶性可燃液体的分子极性较强，对一般泡沫有破坏作用。而抗溶性泡沫与一般灭火泡沫不同，它在水溶性可燃、易燃液体上具有良好的稳定性，可以抵抗水溶性可燃、易燃液体的破坏，达到有效扑灭火灾的目的。抗溶性泡沫灭火剂有金属皂型、高分子型、触变性、氟蛋白型和以硅酮表面活性剂为基料的抗溶性泡沫灭火剂五种类型，对水溶性可燃、易燃液体的表面层有一定的稀释作用，有利于灭火。虽然抗溶性泡沫灭火剂也可以扑救一般油类火灾和固体火灾，但价格较贵，一般不采用。

（5）高倍数泡沫灭火剂。

它是一种以合成表面活性剂为基料的泡沫灭火剂，与水按一定比例混合后，通过高倍数泡沫产生器，生成数百至上千倍的泡沫，因而称为高倍数泡沫。我国有关单位研制成功 YEGZ 型四种规格的高倍数泡沫灭火剂，按配比和使用性能分为以下四种类型：YEGZ6A 型、YEGZ6B 型、YEGZ3B 型和 YEGZ3A 型，目前已推广使用。

高倍数泡沫是按一定比例的高倍数泡沫灭火剂水溶液通过高倍数泡沫产生器而生产的，它的发泡倍数高达 200 ~ 1 000 倍，气泡直径一般在 10 mm 以上。由于它的体积膨胀大，再加上高倍数泡沫产生器的发泡量大（大型的高倍数泡沫产生器可在一分钟内产生 1 000 m^3 以上泡沫），泡沫可以迅速充满着火空间，覆盖燃烧物，使燃烧物与空气隔绝；泡沫受热后产生的大量水蒸汽大量吸热，使燃烧区温度急剧下降，阻止火势的蔓延。因此，高倍数泡沫灭火技术具有混合液供给强度小、泡沫供给量大、灭火迅速、安全可靠、水渍损失少，灭火现场处理简单等特点。

高倍数泡沫灭火剂不能用于扑救油罐火灾。因为油罐内油品燃烧时，油罐上空的上升气流升力很大，而泡沫的比重很小，不能覆盖到油面上，达不到有效的灭火目的。它主要适用于扑救 A 类和 B 类火灾中的非水溶性液体火灾。特别适用于扑救有限空间内的火灾，如洞库、库房等。

5. 烟雾灭火剂

烟雾灭火剂是由硝酸钾、木炭、硫磺、三聚氰胺和碳酸氢钾组成，呈深色粉状混合物。它是在发烟火药的基础上加以改进而研制成的一种灭火剂。

烟雾灭火剂的灭火原理主要是窒息作用。烟雾灭火剂的各种组分，可以在密闭系统中持续燃烧，而不须外界供给氧气，燃烧时产生大量气体，其中 85% 以上时二氧化碳、氮气等惰性气体。烟雾实际上就是灭火剂燃烧发生的气态产物及悬浮于其中的固体颗粒。用它扑救油罐火灾时，这些烟雾从发烟器喷嘴喷出，能迅速充满油罐内空间，排挤罐内的其他气体，阻止外界空气流入罐内，大大稀释了罐内的氧气和可燃气体浓度，从而使燃烧窒息。

烟雾灭火剂具有灭火速度快；设备简单、投资少，不用水、不用电，节省人力物力，灭火杂质少，对油品污染少的特点。特别适用于缺水、交通不便，油罐少而分散的偏远地区。

7.3 灭火器的配置及使用

灭火器，是一种依靠自身压力使内部填装的灭火剂喷出，并由人力移动，用于扑救油库各种初起火灾的工具。初起火灾由于范围小，火势弱，是火灾扑救的最有利时机。一具质量合格的灭火器，若使用方法正确，扑救及时，可将一场损失巨大的火灾扑灭在萌芽状态。由于灭火机具结构简单，操作方便使用效果好，价格适宜，在油库各种场合使用较多。

7.3.1 常用灭火器

目前，常用的灭火器有清水、泡沫、二氧化碳、干粉灭火器等，下面将分别介绍清水、泡沫、二氧化碳、干粉灭火器的构造、性能和适用范围。

1. 清水灭火器

清水灭火器是由保险帽、提圈、筒体、二氧化碳气体贮气瓶和喷嘴等部件组成。如图7－1。清水灭火器的筒体中装的是清洁水，所以称为清水灭火器。

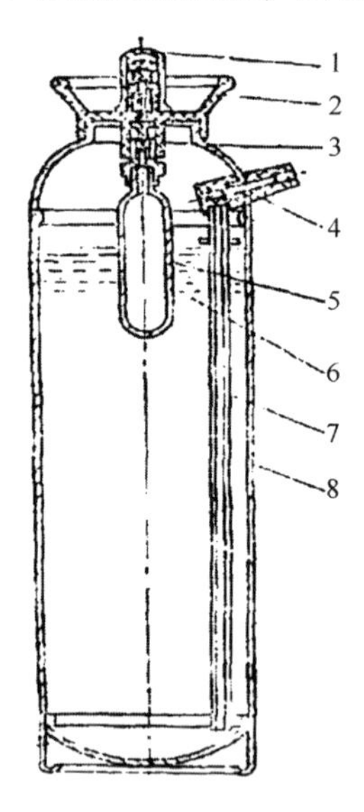

图7－1　手提式清水灭火器结构图

1－保险帽；2－提圈；3－器头；4－喷嘴；5－储气瓶；6－清水；7－吸管；8－筒体

它主要适用于扑救固体物质火灾。如木材、棉麻等，可配置于油库生活、办公区。

清水灭火器使用时，将其迅速提到火场，在距离燃烧物大约 10 m 处，直立放稳；卸下保险帽，用手掌拍击开启杆顶端的凸头，这时二氧化碳的密封膜片刺破，二氧化碳进入筒体内，迫使清水从喷嘴喷出；立即一只手提起灭火器筒体盖上的提环，另一只手托住灭火器底圈，将喷射水流对准燃烧最猛烈处喷射；随着灭火器喷射距离的缩短，操作者应逐渐向燃烧处靠近，使水流始终喷射在燃烧处，直至将水扑灭；清水灭火器在使用过程中应始终与地面保持大致垂直状态，切勿颠倒或横卧。否则，会使加压气体泄出而使灭火剂不能喷射。

2. 泡沫灭火器

用喷射泡沫进行灭火的灭火器叫做泡沫灭火器。泡沫灭火器主要用于扑救油品火灾，如汽油、煤油、柴油、植物油、动物油以及苯、甲苯等的初起火灾。也可用于扑救固体物质火灾，如木材、棉、麻、纸张等初起火灾。泡沫灭火器不适于扑救带电设备火灾以及气体火灾。泡沫灭火器有化学泡沫灭火器和空气泡沫灭火器两种，化学泡沫灭火器已基本淘汰，在此不再介绍。

空气泡沫灭火器内部充装的是 90% 的水和 10% 的 YEF－6 型氟蛋白泡沫灭火剂。空气泡沫灭火器有贮压式和贮气瓶式两种结构形式（贮气瓶式较少使用），只有手提式。空气泡沫灭火器具有灭火能力强、操作方便、灭火剂使用时间长等特点。贮压式空气泡沫灭火器由筒体、筒盖、泡沫喷枪、喷射软管、加压氮气、提把、压把等组成，如图 7－2。

空气泡沫灭火器使用时，应手提灭火器至距燃烧物 6m 左右地方，拔下保险销，一手握住喷枪，另一手握住开启压把，将压把压下，刺穿储气瓶密封片，泡沫混合液在二氧化碳的压力下，从喷嘴喷出，与空气混合，产生泡沫，覆盖燃烧物灭火。注意不能将灭火器颠倒或横卧使用，否则会中断喷射。

3. 二氧化碳灭火器

二氧化碳灭火器内充装的是加压液化的二氧化碳，主要为手提式。按其开启机构情况，可分为手轮式二氧化碳灭火器（MT 型）和鸭嘴式二氧化碳灭火器（MTZ 型）。

手轮式二氧化碳灭火器主要由喷筒、手轮式启闭阀和筒体组成，如图 7－3。

鸭嘴式二氧化碳灭火器由提把、压把、启闭阀、筒体和喷管等组成，如图7－4。

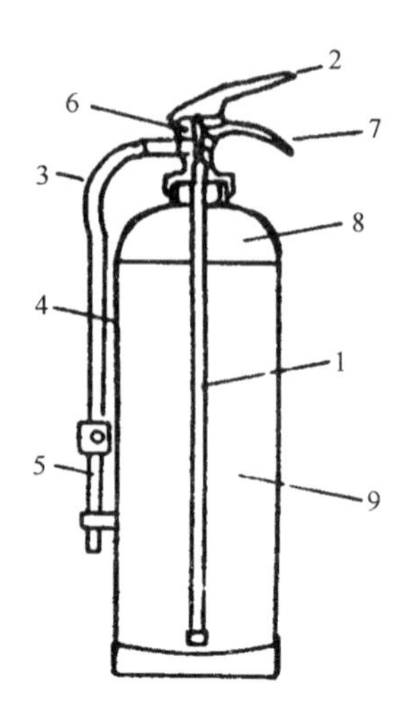

图 7－2　贮压式空气泡沫灭火器结构图

1－虹吸管；2－压把；3－喷射软管；4－筒体；5－泡沫喷枪；

6－筒盖；7－提把；8－加压氮气；9－泡沫混合液

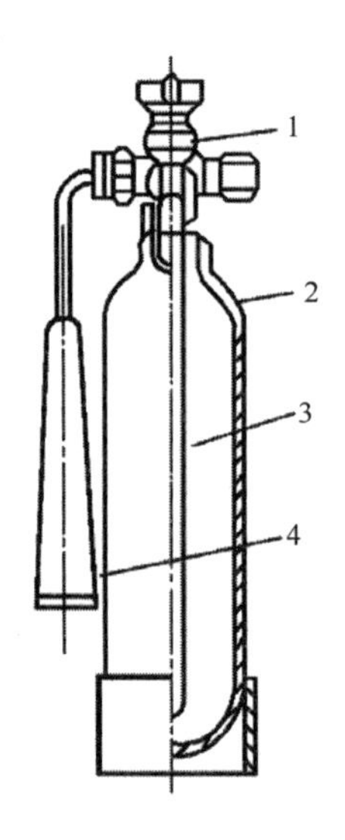

图 7－3　手轮式二氧化碳灭火器结构图

1－手轮式启闭阀；2－钢瓶；

3－虹吸管；4－喷筒

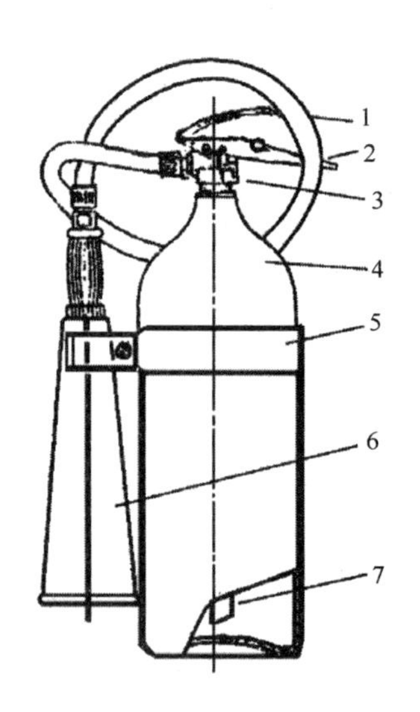

图 7－4　鸭嘴式二氧化碳灭火器结构

1－压把；2－提把；3－启闭阀；4－钢瓶；

5－卡箍；6－喷筒；7－虹吸管

使用 MT 型灭火器时，先去掉铅封，翘起喷筒对准火源，转动手轮，打开阀门，瓶内高压气体即自行喷出；使用 MTZ 型灭火器应先拔去保险插销，一手持喷筒，另一手紧压压把，气体即喷出。

由于二氧化碳灭火器的射程近，喷射时间短。因此，在喷射时要迅速果断，接近火源，从近处喷起，快速向前扫射推进。使用中应注意机身的垂直，不可颠倒使用，以防止液体喷出。灭火时手要握住喷管木柄，切勿用手接触喷筒，以免冻伤。

另外空气中二氧化碳含量达5%～6%时，就会使人头晕呕吐；达8%～10%时，会使人感到呼吸困难甚至窒息。因此，灭火时应站在上风位置，顺风喷射，在空气不流通的场所，要特别注意安全。

4. 干粉灭火器

干粉灭火器一般是以高压二氧化碳气体为喷射动力，将装在器内的粉末呈雾状压出。主要有MF型手提式、MFT推车式和MFB背负式三种。按照盛装高压气体的动力瓶位置的不同，分为外装式和内装式两种结构。动力瓶安在干粉桶身外的，称为外装式（已很少使用，在此不再介绍）；动力瓶安在干粉桶体内的，称为内装式。

MF型手提式干粉灭火器由筒身、二氧化碳小钢瓶、进气管、提把、喷枪等组成，如图7－5所示。

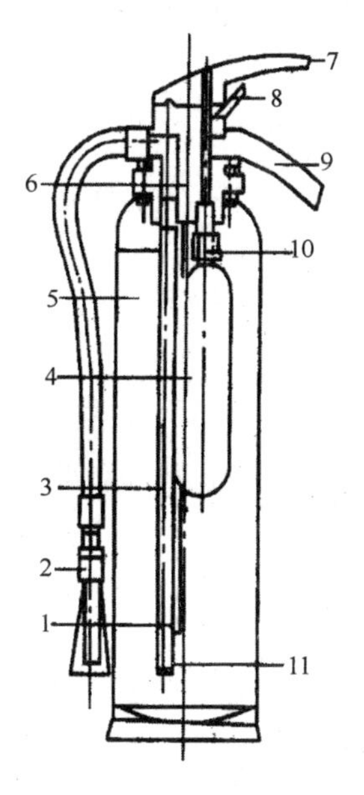

图7－5　MF型手提式干粉灭火器构造

1－进气管；2－喷枪；3－出粉管；4－动力瓶；
5－筒身；6－筒盖；7－压把；8－保险销；
9－提把；10－钢字；11－防潮堵

MFT推车式干粉灭火器主要由推车、干粉罐、二氧化碳动力瓶、喷粉胶管、喷嘴、压力表、开关等组成。如图7－6。

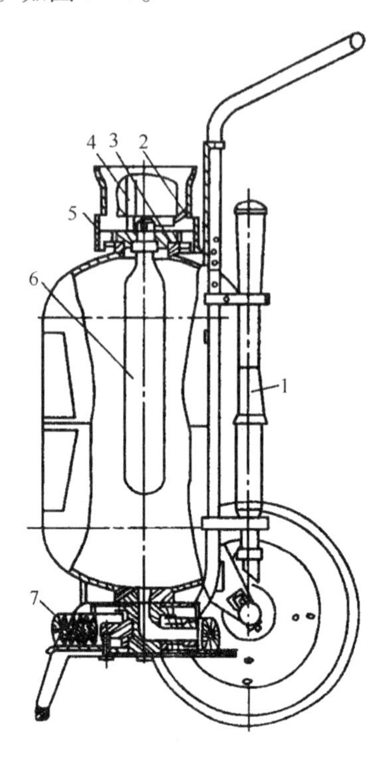

图7－6　推车式干粉灭火器

1－喷枪；2－提环；3－进气压杆；4－压力表；

5－护罩；6－钢瓶；7－出粉管

使用手提式干粉灭火器时，应占据上风方向。使用前需将其上下颠倒几次，使筒内干粉松动，拔下保险销，一手握住喷嘴，对准火源，一手用力压下压把，干粉便会从喷嘴喷射出来。使用推车式干粉灭火器时，一般由两人操作，一人手握喷粉胶管，对准火源，另一人逆时针旋转动力瓶手轮，打开灭火器开关，干粉即可喷出。

7.3.2　灭火器的配置

由于灭火器担当的扑救初起火灾的任务是十分重要的，因此要达到这一目的，就必须根据火灾种类正确选择灭火器的类型。根据配置场所危险等级和火灾种类合理确定灭火器的配置基准，根据灭火器配置基准，保护距离和保护面积计算配置场所所需灭火器级别，并确定灭火器设置点的位置和数量；根据建、构筑物使用性质与灭火器的类型确定对灭火器的设置要求，并加强对灭火器的管理。

1. 灭火器配置场所的危险等级

工业建筑灭火器配置场所的危险等级，应根据其生产、使用、储存物品的火灾危险性，可燃物数量，火灾蔓延速度，扑救难易程度等因素，划分为以下三级：

（1）严重危险级：火灾危险性大，可燃物多，起火后蔓延迅速，扑救困难，容易造成重大财产损失的场所；油库中的甲、乙类油品作业场所均为严重危险级场所。

（2）中危险级：火灾危险性较大，可燃物较多，起火后蔓延较迅速，扑救较难的场所。油库中的丙类油品作业场所均为中危险级场所。

（3）轻危险级：火灾危险性较小，可燃物较少，起火后蔓延较缓慢，扑救较易的场所。如油库中的非生产作业场所一般都为轻危险级灭火器配置场所。

2. 灭火器配置场所预期火灾种类

灭火器配置场所可能发生的火灾种类可根据其生产、使用、贮存可燃物种类及其燃烧特征来进行预鉴别，分为五类。

（1）A类火灾：指固体物质火灾。如木材、棉、毛、麻、纸张及其制品等燃烧的火灾；油库中A类火灾较少。

（2）B类火灾：指液体火灾或可熔化固体物质火灾。如汽油、煤油、柴油、原油、甲醇、乙醇、沥青、石蜡等燃烧的火灾。油库中发生火灾以B类为主。

（3）C类火灾：指气体火灾。如煤气、天然气、甲烷、乙烷、丙烷、氢气等燃烧的火灾。油库中发生C类火灾一般都与B类同时存在。

（4）D类火灾：指金属火灾。如钾、钠、镁、钛、锆、锂、铝镁合金等燃烧的火灾。油库中一般不存在D类火灾。

（5）E类（带电）火灾：指带电物体的火灾。如发电机房、变压器室、配电间、仪器仪表间和电子计算机房等在燃烧时不能及时或不宜断电的电气设备带电燃烧的火灾。E类火灾是建筑灭火器配置设计的专用概念，主要是指发电机、变压器、配电盘、开关箱、仪器仪表和电子计算机等在燃烧时仍旧带电的火灾，必须用能达到电绝缘性能要求的灭火器来扑灭。

3. 灭火器类型的选择

灭火器类型的选择应考虑以下因素：

（1）灭火器配置场所的火灾种类。即所选择的灭火器是能够扑救预期种类的火灾。

（2）灭火的有效程度。适用于扑救同一种火灾的灭火器类型可能有两种或多种。不同种类的灭火器，即使是同一规格的，其扑救同一种类火灾的灭火级别不同，而且灭火速度也不同。

（3）设置点的环境温度。较低的环境温度有可能影响灭火器的喷射性能和灭火效能，甚至可能使器内的灭火剂冰冻。较高的环境温度则会使器内压力增加，有可能达到或超过灭火器的设计耐压强度，影响其使用寿命，甚至会发生爆炸伤人事故，因此要求灭火器设置点的环境温度范围不超过灭火器的使用温度范围。

（4）对保护物的污染程度。通常水、泡沫、干粉灭火器喷射后对贵重物品或电气设备有可能产生水渍、泡沫污染、粉尘污染等损害。因此，应根据被保护的允许污染程度来选择灭火器。

（5）灭火器的操作。为了避免灭火时混乱，方便操作，便于维修、保修和训练，因此在同一灭火器配置场所宜选用操作方法相同的灭火器。对于一些密封、体积小，并且有人的场所，应慎重选择气体型及干粉灭火器，因在使用时，会给人带来不同程度的损害。同时灭火器的配置还应注意使用者的体力强弱。

（6）灭火器之间的相容性。不同类型灭火器只能充装指定的灭火剂，不能混装其他类型的灭火剂，即使同是干粉或泡沫灭火器，不同的干粉或泡沫之间也不能混装，而且在同一灭火器配置场所内，要求配量能相容的灭火器，即要求灭火器充装和灭火剂在同时或先后灭火时，不应产生相互破坏而导致不利灭火的反作用，一般磷酸铵盐干粉灭火剂同碳酸氢钠干粉灭火剂是不相容的，干粉与蛋白泡沫也是不相容的。

4. 灭火器的设置要求

（1）灭火器应设置在位置明显和便于取用的地点，且不得影响安全疏散。

（2）对有视线障碍的灭火器设置点，应设置指示其位置的发光标志。

（3）灭火器的摆放应稳固，其铭牌应朝外。手提式灭火器宜设置在灭火器箱内或挂钩、托架上，其顶部离地面高度不应大于1.50 m；底部离地面高度不宜小于0.08 m。灭火器箱不得上锁。

（4）灭火器不宜设置在潮湿或强腐蚀性的地点。当必须设置时，应有相应的保护措施。

灭火器设置在室外时，应有相应的保护措施。

（5）灭火器不得设置在超出其使用温度范围的地点。

（6）一个计算单元内配置的灭火器数量不得少于2具。

(7) 每个设置点的灭火器数量不宜多于5具。

5. 灭火器的保护距离

在发生火灾后，及时、有效地用灭火器扑灭初起火灾，取决于多种因素，而灭火器保护距离的远近，显然是其中的一个重要因素。它实际上关系到人们是否能及时取用灭火器，进而是否能够迅速扑灭初起小火，或者是否会使火势失控成灾等一系列问题。灭火器的保护距离指的是灭火器配置场所内，灭火器设置点到最不利点的直线行走距离。

灭火器的最大保护距离应符合表7－10的规定。

表7－10　灭火器的最大保护距离

<table>
<tr><th rowspan="2">等级</th><th colspan="2">A类火灾</th><th colspan="2">B、C类火灾</th><th>D类火灾</th><th>E类火灾</th></tr>
<tr><th>手提式</th><th>推车式</th><th>手提式</th><th>推车式</th><td rowspan="4">灭火器，其最大保护距离应根据具体情况研究确定</td><td rowspan="4">灭火器，其最大保护距离不应低于该场所内A类或B类火灾的规定</td></tr>
<tr><td>严重危险级</td><td>15米</td><td>30米</td><td>9米</td><td>18米</td></tr>
<tr><td>中危险级</td><td>20米</td><td>40米</td><td>12米</td><td>24米</td></tr>
<tr><td>轻危险级</td><td>25米</td><td>50米</td><td>15米</td><td>30米</td></tr>
</table>

6. 灭火器的灭火级别与最低配置基准

灭火器的灭火级别表示灭火器能够扑灭不同种类火灾的效能。由表示灭火效能的数字和灭火种类的字母组成。如3A、5A、8B、20B等，数字表示灭火级别的大小，字母表示灭火级别的单位及适用扑救火灾的种类。各类灭火器的灭火级别见表7－11。

火灾场所灭火器的最低配置基准应符合表7－12的规定。

7. 灭火器的配置计算

(1) 灭火器配置的设计与计算应按计算单元进行。灭火器最小需配灭火级别和最少需配数量的计算值应进位取整。

(2) 每个灭火器设置点实配灭火器的灭火级别和数量不得小于最小需配灭火级别和数量的计算值。

(3) 灭火器设置点的位置和数量应根据灭火器的最大保护距离确定，并应保证最不利点至少在1具灭火器的保护范围内。

表7-11　灭火器适用灭火对象、规格与灭火级别

灭火器类型		灭火剂充装量		灭火器类型规格	灭火级别及使用对象					
		容量/L	质量/kg	代码（型号）	A类	B类	C类	D类	E类	ABCE
水型	手提式	3		MS/Q3	1A	×	×	×	×	×
				MS/T3		55B				
		6		MS/Q6	1A	×				
				MS/T6		55B				
		9		MS/Q9	2A	×				
				MS/T9		89B				
	推车式	20		MST20	4A	×				
		45		MST40	4A	×				
		60		MST60	4A	×				
		125		MST125	6A	×				
泡沫型（化学泡沫）	手提式	3		MP3、MP/AR3	1A	55B	×	×	×	×
		4		MP4、MP/AR4	1A	55B				
		6		MP6、MP/AR6	1A	55B				
		9		MP9、MP/AR9	2A	89B				
	推车式	20		MPT20、MPT/AR20	4A	113B	×	×	×	×
		45		MPT40、MPT/AR40	4A	144B				
		60		MPT60、MPT/AR60	4A	233B				
		125		MPT125、MPT/AR125	6A	297B				
干粉（碳酸氢钠）	手提式		1	MF1	×	21B	O	×	▲	×
			2	MF2		21B				
			3	MF3		34B				
			4	MF4		55B				
			5	MF5		89B				
			6	MF6		89B				
			8	MF8		144B				
			10	MF10		144B				
	推车式		20	MFT20	×	183B	O	×	▲	×
			50	MFT50		297B				
			100	MFT100		297B				
			125	MFT125		297B				

续表

<table>
<tr><th colspan="2" rowspan="2">灭火器类型</th><th colspan="2">灭火剂充装量</th><th>灭火器类型规格</th><th colspan="6">灭火级别及使用对象</th></tr>
<tr><th>容量/L</th><th>质量/kg</th><th>代码（型号）</th><th>A类</th><th>B类</th><th>C类</th><th>D类</th><th>E类</th><th>ABCE</th></tr>
<tr><td rowspan="12">干粉
（磷酸铵盐）</td><td rowspan="8">手提式</td><td></td><td>1</td><td>MF/ABC1</td><td>1A</td><td>21B</td><td rowspan="8">O</td><td rowspan="8">×</td><td rowspan="8">▲</td><td rowspan="8">O</td></tr>
<tr><td></td><td>2</td><td>MF/ABC2</td><td>1A</td><td>21B</td></tr>
<tr><td></td><td>3</td><td>MF/ABC3</td><td>2A</td><td>34B</td></tr>
<tr><td></td><td>4</td><td>MF/ABC4</td><td>2A</td><td>55B</td></tr>
<tr><td></td><td>5</td><td>MF/ABC5</td><td>3A</td><td>89B</td></tr>
<tr><td></td><td>6</td><td>MF/ABC6</td><td>3A</td><td>89B</td></tr>
<tr><td></td><td>8</td><td>MF/ABC8</td><td>4A</td><td>144B</td></tr>
<tr><td></td><td>10</td><td>MF/ABC10</td><td>6A</td><td>144B</td></tr>
<tr><td rowspan="4">推车式</td><td></td><td>20</td><td>MFT/ABC20</td><td>6A</td><td>183B</td><td rowspan="4">O</td><td rowspan="4">×</td><td rowspan="4">▲</td><td rowspan="4">O</td></tr>
<tr><td></td><td>50</td><td>MFT/ABC50</td><td>8A</td><td>297B</td></tr>
<tr><td></td><td>100</td><td>MFT/ABC100</td><td>10A</td><td>297B</td></tr>
<tr><td></td><td>125</td><td>MFT/ABC125</td><td>10A</td><td>297B</td></tr>
<tr><td rowspan="8">二氧化碳</td><td rowspan="4">手提式</td><td></td><td>2</td><td>MT2</td><td rowspan="4">×</td><td>21B</td><td rowspan="4">O</td><td rowspan="4">×</td><td rowspan="4">O</td><td rowspan="4">×</td></tr>
<tr><td></td><td>3</td><td>MT3</td><td>21B</td></tr>
<tr><td></td><td>5</td><td>MT5</td><td>34B</td></tr>
<tr><td></td><td>7</td><td>MT7</td><td>55B</td></tr>
<tr><td rowspan="4">推车式</td><td></td><td>10</td><td>MTT10</td><td rowspan="4">×</td><td>55B</td><td rowspan="4">O</td><td rowspan="4">×</td><td rowspan="4">O</td><td rowspan="4">×</td></tr>
<tr><td></td><td>20</td><td>MTT20</td><td>70B</td></tr>
<tr><td></td><td>30</td><td>MTT30</td><td>113B</td></tr>
<tr><td></td><td>50</td><td>MTT50</td><td>183B</td></tr>
</table>

注：O 表示“适用对象”；▲表示“精密仪器设备不宜选用”；×表示“不用”。

表 7－12　火灾场所灭火器的最低配置基准

<table>
<tr><th colspan="2">危险等级
配置基准</th><th>严重危险级</th><th>中危险级</th><th>轻危险级</th></tr>
<tr><td rowspan="2">A类火灾</td><td>每具灭火器最小配置灭火级别</td><td>3A</td><td>2A</td><td>1A</td></tr>
<tr><td>每 A 最大保护面积（m^2/A）</td><td>50</td><td>75</td><td>100</td></tr>
<tr><td rowspan="2">B类火灾</td><td>每具灭火器最小配置灭火级别</td><td>89B</td><td>55B</td><td>21B</td></tr>
<tr><td>每 B 最大保护面积（m^2/B）</td><td>0.5</td><td>1.0</td><td>1.5</td></tr>
<tr><td colspan="2">C 类火灾的配置基准同 B 类火灾的配置基准</td><td></td><td></td><td></td></tr>
</table>

（4）计算单元保护面积。根据灭火器配置场所的危险等级和火灾种类，参考其

使用性质、平面布局与保护面积，将危险等级与火灾种类不相同的各个场所分别作为一个独立计算单元，或将危险等级与火灾种类均相同，平面布局、保护面积和使用性质亦相近，且彼此相邻相接的若干场所合并作为一个组合单元计算。单元的保护面积以实际使用面积为准，通过计算或测量得出。油桶堆场和油罐区的保护面积应以实际堆放面积和油罐面积计算，不计算堆场外围及油罐与防火堤内的环形面积。

（5）灭火器配置场所所需灭火级别，灭火器配置场所扑救初起火灾所需的最小灭火级别的合计值按公式（7－1）计算。

$$Q = \alpha \cdot K \cdot S/U \tag{7-1}$$

式中：Q：配置场所实际所需灭火级别，A 或 B；

α：建筑物的位置，底咩村的取 I，地下的取 1.3；

S：配置场所的保护面积，m^2；对独立计算单元即为一个配置场所的保护面积；对组合单元即为该单元所包含的若干场所的保护面积之和；

U：A 类或 B 类配置场所相应危险等级的灭火器配置准值，m^2/A 或 m^2/B；

K：减配修正系数，无消火栓和灭火系统的取 1.0；没有消火栓的取 0.7；设有灭火系统的取 0.5；设有消火栓和灭火系统的，或是可燃物露天堆场、储罐区的可取 0.3。

在计算出灭火器配置场所独立计算单元或组合计算单元所需灭火级别后，则灭火器每个设置点的灭火级别按公式（7－2）计算。

$$Qe = Q/N \tag{7-2}$$

式中：Qe：灭火器配置场所每个设置点的灭火级别，A 或 B；

N：灭火器配置场所中设置点的数量。

（6）计算举例。

例：油库中一轻油泵房有效面积为 7 m×7 m，无任何消防设备，要求配置灭火器。

解：由于泵房是输转轻质油品，又有带电设备，发生火灾时可能引起爆炸，油品外溢，火灾蔓延，故该配置场所为严重危险级，火灾类型为带电设备的 B 类火灾。泵房内划为一个独立单元，有效面积为 49 m^2，查表得到灭火器配置基准为 0.5 m^2/B，减配系数为 1.0，建筑物位置系数为 1.0，则该单元灭火器实际灭火级别为：

$$Q = \alpha \cdot K \cdot S/U = 1x1.0x70/0.5 = 98B$$

手提式灭火器的最大保护距离以 9 m 为半径，则在室内或室外选择两个点，每个点的灭火级别为：

$$Qe = Q/2 = 98B/2 = 49B$$

查灭火器型号，则选取2只MF5（碳酸氢钠）型手提式干粉灭火器（89B）或2只MF/ABC5（磷酸氨盐）型手提式干粉灭火器（89B）。MF4（55B）不可用，分设成两个点，分别满足灭火级别98B和49B的要求，以及98B灭火级别保护49 m^2B类火灾的面积的要求。

8. 小型灭火器材的配置

（1）灭火器材配置应执行现行国家标准《建筑灭火器配置设计规范》GB50140的有关规定，且还应符合下列规定。

（2）储罐组按防火堤内面积每400 m^2 应配置1具8 kg手提式干粉灭火器，当计算数量超过6具时，可按6具配置。

（3）铁路装车台每间隔12 m应设置2个8 kg干粉灭火器；每个公路装车台应设置2个8 kg干粉灭火器。

（4）石油库主要场所灭火毯、灭火沙配置数量不应少于表7－13的规定：

表7－13　石油库主要场所灭火毯、灭火沙配置数量

场所＼灭火器材	灭火毯（块）		灭火沙（m^3）
	四级及以上石油库	五级石油库	
罐组	4～6	2	2
覆土储罐出入口	2～4	2～4	1
桶装液体库房	4～6	2	1
易燃和可燃液体泵站	—	—	2
灌油间	4～6	3	1
铁路易燃和可燃液体装卸栈桥	4～6	2	—
汽车易燃和可燃液体装卸场地	4～6	2	1
易燃和可燃液体装卸码头	4～6	—	2
消防泵房	—	—	2
变配电间	—	—	2
管道桥涵	—	—	2
雨水支沟接主沟处	—	—	2

注：埋地卧式储罐可不配置灭火沙

7.4 油库灭火系统

油库灭火系统是油库消防系统的最主要组成部分，为控制及扑灭油库火灾提供了有效的保障。

7.4.1 消防给水系统

油库消防给水系统主要由消防水源（含城市消防给水管网、稳定的天然水源和消防水池）、消防泵站、消防管网、消火栓以及喷淋水设备组成。

1. 消防水源与消防供水量

一、二、三、四级油库应设独立消防给水系统。五级油库的消防给水可与生产、生活给水系统合并设置。消防给水系统应保持充水状态。严寒地区的消防给水管道，冬季可不充水。

油库的消防用水量，应按油罐区消防用水量计算决定。特级石油库的油罐计算总容量大于或等于2 400 000 m^{3}时，其消防用水量应为同时扑救消防设置要求最高的一个原油罐和扑救消防设置要求最高的一个非原油罐火灾所需配置泡沫用水量和冷却油罐最大用水量的总和。其他级别油库油罐区的消防用水量应为扑救消防设置要求最高的一个油罐火灾配置泡沫用水量和冷却油罐所需最大用水量的总和。消防水池容量可按下式计算：

$$V = 1.2(Q_{配} + Q_{冷}) \tag{7-3}$$

式中：V——消防水池容量，m^3；

$Q_{配}$——油罐火灾配置泡沫最大用水量，m^3；

$Q_{冷}$——冷却油罐最大用水量，m^3。

消防水池有补水措施时，补水时间不应超过96 h。且消防水池容量为：

$$V = 1.2(Q_{配} + Q_{冷} - q_{补} t) \tag{7-4}$$

$$q_{补} = (Q_{配} + Q_{冷})/96 \tag{7-5}$$

式中：t——冷却水供给时间。

需要储存的消防总水量大于1 000 m^{3}时，应设两个消防水池（罐），两个消防水池（罐）应用带阀门的连通管连通。消防水池（罐）应设供消防车取水用的取水口。

2. 消防给水网

油库消防给水可采用高压消防给水系统、临时高压消防给水系统或低压消防给水系统三种形式。

（1）高压消防给水系统。

高压消防给水管网上设置的消防设备（消火栓、消防炮等），不需消防车、机动泵进行加压，均具有防火规范规定的所需压力。一般情况下，采用高压消防给水管网时，在管网最不利点的消防水压力，不应小于在达到设计消防水量时所需要的压力。

（2）临时高压消防给水系统。

临时高压消防给水系统管网内平时没有消防水压要求，当发生火灾启动消防水泵后，管网内的压力达到高压消防管网压力的要求。设有固定冷却水设备和固定消防灭火设备的油库，常采用临时高压消防给水系统。

（3）低压消防给水系统。

这种消防给水管网内的压力不能保证管网上灭火设备的水压要求，因此需用消防车或其他设备加压后才能达到所需的水压。为保证消防车取水，低压消防给水管网内的压力，当最大时，应保证每个消火栓出口处在达到设计消防用水量时，给水压力不小于0.15 MPa。

在有强大移动式灭火设备和消防力量的油库，可采用低压消防给水系统。在无足够移动式灭火设备和消防力量的油库，宜采用高压或临时高压消防给水系统。

油库消防给水管网的布置形式应根据实际情况具体确定：一、二、三级油库油罐区的消防给水管道应环状敷设；覆土油罐区和四、五级油库油罐区的消防给水管道可按状敷设；山区油库的单罐容量小于或等于5 000 m^3、且油罐单排布置的油罐区，其消防给水管道可按状敷设。一、二、三级油库油罐区的消防水环形管道的进水管道不应少于两条，中间用阀门隔开，每条管能通过全部消防用水量。

3. 油罐消防冷却水的供应

（1）油罐冷却的要求。

着火的地上固定顶油罐以及距该油罐罐壁1.5D（D为着火油罐直径）范围内相邻的地上油罐，均应冷却。当相邻的地上油罐超过三座时，应按三座较大的相邻油罐计算冷却水量；着火的外浮顶、内浮顶油罐应冷却，其相邻油罐可不冷却。当着火的内浮顶油罐用易熔材料制作时，其相邻油罐也应冷却；着火的覆土油罐及其相邻的覆土油罐可不冷却，但应考虑灭火时的保护用水量（指人身掩护和冷却地面及油罐附件的水量）；着火的地上卧式油罐应冷却，距着火罐直径与长度之和的一半范围内的相邻罐也应冷却。

（2）油罐消防冷却水供水范围和供给强度。

地上立式油罐消防冷却水供水范围和供给强度不应小于表 7－14 的规定；覆土储罐的保护用水供给强度不应小于0.3 L/s·m，用水量计算长度应为最大储罐的周长。当计算用水量小于 15 L/s 时，设计供水量不应小于 15 L/s。

着火的地上卧式储罐的消防冷却水供给强度不应小于 6 L/min·m^2，其相邻储罐的消防冷却水供给强度不应小于 3 L/min·m^2。冷却面积应按储罐投影面积计算。覆土卧式储罐的保护用水供给强度，应按同时使用不少于 2 支移动水枪计，且不应小于 15 L/s。储罐的消防冷却水供给强度应根据设计所选用的设备进行校核。

表 7－14　地上立式储罐消防冷却水供水范围和供给强度

储罐及消防冷却型式			供水范围	供给强度	附注
移动式水枪冷却	着火罐	固定顶罐	罐周全长	0.6（0.8）L/s·m	
		外浮顶罐 内浮顶罐	罐周全长	0.45（0.6）L/s·m	浮顶用易熔材料制作的内浮顶罐按固定顶罐计算
	相邻罐	不保温	罐周半长	0.35（0.5）L/s·m	
		保温		0.2L/s·m	
固定式冷却	着火罐	固定顶罐	罐壁表面积	2.5L/min·m^2	
		外浮顶罐 内浮顶罐	罐壁表面积	2.0L/min·m^2	浮顶用易熔材料制作的内浮顶罐按固定顶罐计算
	相邻罐		罐壁表面积的一半	2.0L/min·m^2	按实际冷却面积计算，但不得小于罐壁表面积的 1/2

注：①移动式水枪冷却栏中，供给强度是按使用 Φ16 mm 水枪确定的，括号内数据为使用 Φ19 mm 水枪时的数据。②着火罐单支水枪保护范围 Φ16 mm 为 8～10 m，Φ19 mm 为 9～11 m；邻近罐单支水枪保护范围 Φ16 mm为 14～20 m，Φ19 mm 为 15～25 m。

（3）油罐固定消防冷却方式。

单罐容量大于或等于 3 000 m^3 或罐壁高度大于或等于 15 m 的储罐，应设固定式消防冷却水系统；单罐容量小于 3 000 m^3 且罐壁高度小于 15 m 的储罐，可设移动式消防冷却水系统。

油罐抗风圈或加强圈没有设置导流设施时，其下面应设冷却喷水环管；冷却喷水环管上宜设置膜式喷头，喷头布置间距不宜大于 2 m，喷头的出水压力不得小于

0.1 Mpa；油罐冷却水的进水立管下端应设锈渣清扫口。锈渣清扫口下端应高于罐基础顶面，其高差不应小于0.3 m；消防冷却水管道应在防火堤外设控制阀、放空阀。消防冷却水以地面水为水源时，消防冷却水管道上宜设置过滤器。

（4）消防冷却水最小供给时间。

直径大于20 m的地上固定顶油罐（包括直径大于20 m的浮盘用易熔材料制作的内浮顶油罐）应为9 h，其他地上立式油罐不应少于6 h；覆土立式油罐不应少于4 h；卧式油罐、铁路罐车和汽车装卸设施不应少于2 h。

4. 油库消防泵的设置

（1）消防泵房的设置要求。

消防泵站应为一、二级耐火等级的建筑。附设在其他建筑内的消防泵站，应用耐火极限不低于1 h的非燃烧体外围结构与其他房间隔开，并应有直通室外的出口。

一级油库的消防冷却水泵和泡沫消防水泵应至少各设置一台备用泵。二、三级油库的消防冷却水泵和泡沫消防水泵应设置备用泵，当两者的压力、流量接近时，可共用1台备用泵。四、五级油库的消防冷却水泵和泡沫消防水泵可不设置备用泵。备用泵的流量、扬程不应小于最大主泵的工作能力。当一、二、三级油库的消防水泵有2个独立电源供电时，主泵应采用电动泵，备用泵可采用电动泵，也可采用柴油机泵；只有一个电源供电时，消防水泵应采用下列方式之一：主泵和备用泵全部采用柴油机泵；主泵采用电动，配备规格（流量、扬程）和数量不小于主泵的柴油机作备用；主泵采用柴油机泵，备用泵采用电动泵。消防水泵应采用正压启动或自吸启动，当采用自吸启动时，自吸时间不宜大于45 s；

消防管路上的阀门应有明显的启闭标志，且应位于操作方便的地方。为便于观察消防水池、水箱、水塔的水位，消防泵房内应设有水位指示器。

（2）消防水泵的流量与扬程。

消防水泵的设计流量为着火罐和相邻冷却水之和。消防水泵的扬程按以下公式计算

$$H = h_f + h_z + \Delta z \tag{7-6}$$

式中：H——消防水泵的扬程，m；

h_f——给水管网的总摩阻损失，m；

h_z——消火栓出口压力（一般以7kg/cm^{2}计算），m；

Δz——消防水池与消火栓出口的绝对高差，m。

5. 消火栓的设置

消防冷却水系统应设置消火栓。移动式消防冷却水系统的消火栓设置数量，应按油罐冷却灭火所需消防水量及消火栓保护半径确定，消火栓的保护半径为120 m，且距着火罐罐壁15 m内的消火栓不应计算在内；固定式消防冷却水系统所设置的消火栓的间距不应大于60 m；寒冷地区消防水管道上设置的消火栓应有防冻、放空措施。

6. 油库消防冷却水用量计算

（1）固定冷却水系统的用水量计算。

着火油罐冷却用水量

$$Q_1 = q_l t A_1/1000 \tag{7-7}$$

式中：Q_1——着火油罐冷却用水量，m^3；

q_l——冷却水供给强度，L/min · m^2；

t——冷却水供给时间，min；

A——罐壁冷却面积，m^2。

相邻油罐冷却用水量

$$Q_2 = q_2 t A_2/1000 \tag{7-8}$$

式中符号意义同上，但各参数的取值不同。

固定式冷却系统油罐冷却用水总量即为着火油罐冷却用水量和相邻油罐冷却用水量之和。

消火栓的数量。固定式消防冷却水系统中，消火栓的间距按不大于60 m设置。

（2）移动式冷却水系统的用水量计算。

油罐冷却用水总量

$$Q = (q_1L_1 + q_2L_2)\pi t \tag{7-9}$$

式中：Q——油罐冷却用水总量，m^3；

q_1——着火罐冷却水供给强度，L/s · m；

L_1——着火罐冷却范围（油罐周长），m；

q_2——相邻罐冷却水供给强度，L/s · m；

L_2——相邻罐冷却范围（油罐半周长），m；

t——冷却水供给时间，s。

水枪数量

$$N = (Q_1 + Q_2)/q_3 \tag{7-10}$$

式中：Q_1、Q_2——着火罐和相邻罐冷却用水量，L/s；

q_3——每只水枪的流量，7.5L/s。

消火栓的数量

$$N = (\text{水枪数量})/2 \tag{7-11}$$

式中：N——消火栓数量，个。

消防车的数量

消防车数量（辆），应根据消防车供水能力、水枪数量和喷嘴口径计算后确定。计算公式如下：

$$\text{消防车的数量(辆)} = \frac{\text{冷却所需水枪数量}}{\text{每辆消防车可供的水枪数量}} \tag{7-12}$$

7.4.2 消防泡沫灭火系统

目前已投入使用的消防灭火系统很多，但油库由于所储介质的特殊性，不是所有的灭火系统都能在油库使用，从适用性、可行性、经济性和可操作性综合比较，泡沫灭火系统对油罐火灾的扑救效果较好。

1. 泡沫灭火系统的分类

泡沫灭火系统分类的方法较多，按灭火剂类型可分为：化学泡沫（基本停用）、空气泡沫（蛋白泡沫和氟蛋白泡沫）和水成膜泡沫；按泡沫的发泡倍数可分为：低倍数（20倍以下）、中倍数（20～200倍以下）和高倍数（200倍以上）泡沫灭火系统；按泡沫喷射装置的安装形式可分为：固定式（如图7-7）、半固定式（如图7-8）、和移动式（如图7-9）；按泡沫喷射装置的形式可分为：液上喷射和液下喷射。

2. 油罐泡沫灭火系统的类型和设置形式的确定

一般来讲，根据油罐的类型和安装形式不同，可选择不同的泡沫灭火系统，地上固定顶油罐、内浮顶油罐和地上卧式油罐应设低倍数泡沫灭火系统或中倍数泡沫灭火系统；外浮顶油罐、储存甲B、乙和丙A类油品的覆土立式油罐，应设低倍数泡沫灭火系统。

油罐的泡沫灭火系统设施的设置方式为：容量大于500 m^3 的水溶性液体地上立

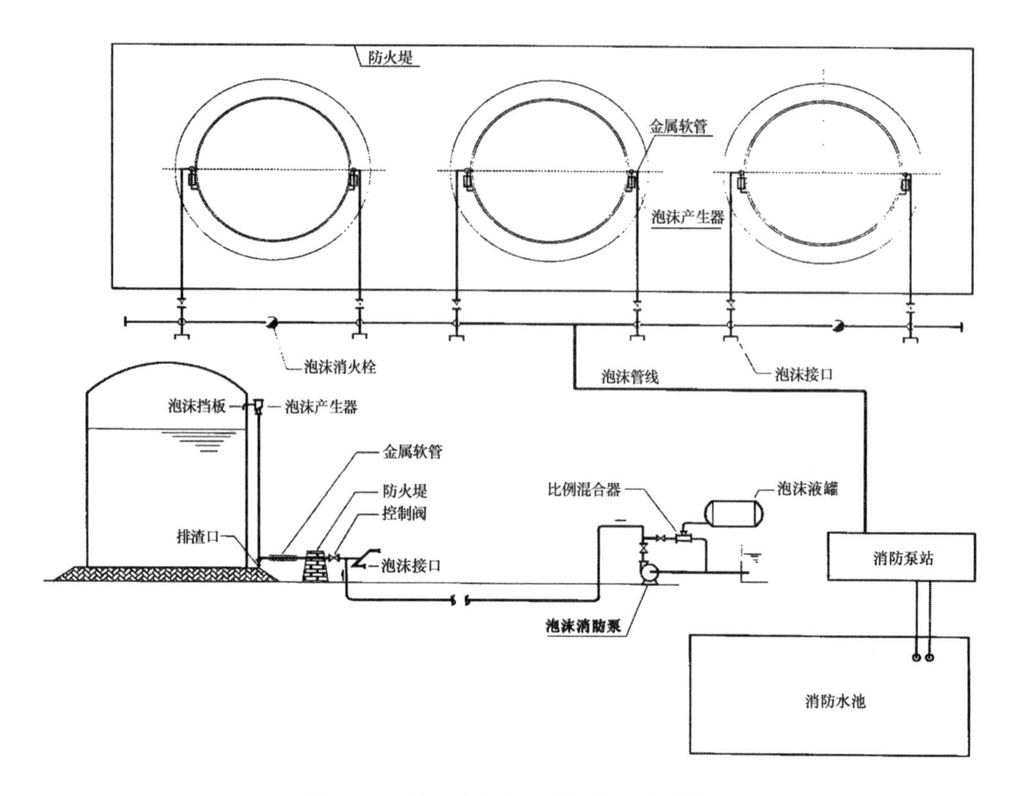

图 7－7　固定式液上喷射泡沫灭火系统

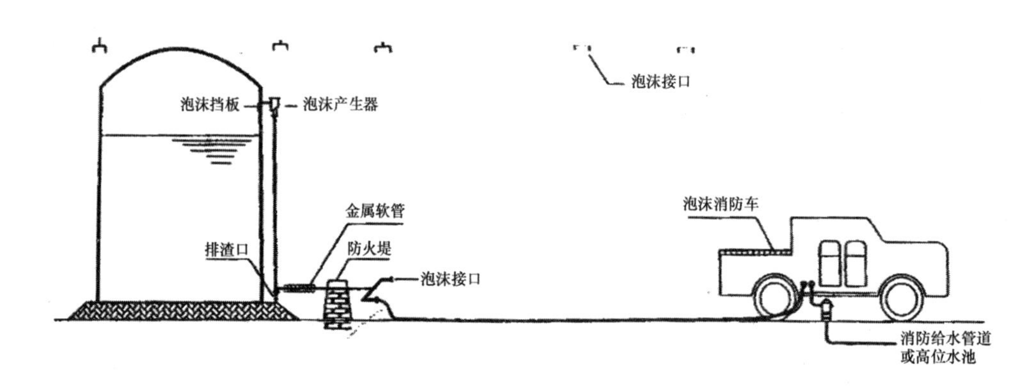

图 7－8　半固定式泡沫灭火系统

式油罐和容量大于 1 000 m^3 的其他甲 B、乙、丙 A 类易燃、可燃液体地上立式油罐，应采用固定式泡沫灭火系统；容量小于或等于 500 m^3 的水溶性液体地上立式油罐和容量小于或等于 1 000 m^3 的其他易燃、可燃液体地上立式油罐可采用半固定式；地上卧式油罐、覆土立式油罐、丙 B 类液体立式和容量不大于 200 m^3 的地上油罐，可采用移动式泡沫灭火系统。

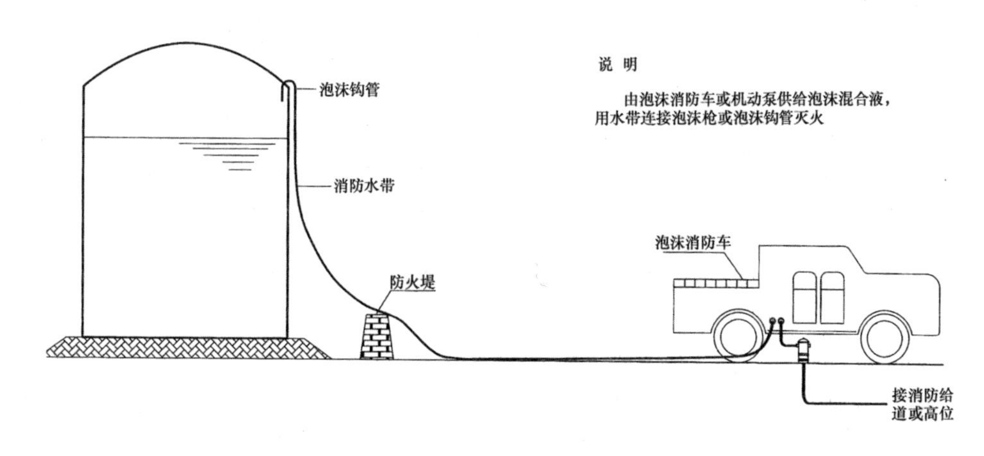

图7－9 移动式泡沫灭火系统

覆土卧式油罐和储存丙B类油品的覆土立式油罐也可采用烟雾或其他类型的灭火设施。

3. 泡沫灭火系统主要设备

（1）泡沫比例混合器。

泡沫比例混合器是使水与泡沫按一定比例进行混合的设备，是固定式泡沫灭火系统和泡沫消防车的主要配套设备，可按6%或3%泡沫液和水的比例混合，形成泡沫混合液。

环泵式负压比例混合器安装在水泵的出水管和进水管之间，连接成环状旁路，故称环泵式负压混合器。环泵式负压比例混合器有PH32型、PH48型和PH64型3种。其性能见表7－15。

表7－15 环泵式比例混合器性能

型号	进口压力（MPa）	出口压力（MPa）	混合液量（L/S）	泡沫液量（L/S）
PH32	0.6～1.2	0～0.03	4～32	0.24～1.92
PH48	0.6～1.2	0～0.03	16～48	0.96～2.88
PH64	0.6～1.2	0～0.03	16～64	0.96～3.84

压力比例混合器安装在耐压的泡沫液储罐上，并处在水泵出口压力的管道上，所以称压力比例混合器。它的用途和负压力比例混合器相同。规格性能见表7－16。

表 7-16　压力式泡沫比例混合器性能

型号	进口压力（MPa）	孔板前后压差(MPa)	混合液量（L/S）	泡沫液量（L/S）
PHY16	0.6~1.2	0.02~0.16	4~16	0.24~0.96
PHY32	0.6~1.2	0.02~0.16	8~32	0.48~1.92
PHY64	0.6~1.2	0.02~0.16	16~64	0.96~3.84

（2）空气泡沫产生器。

空气泡沫产生器是产生泡沫灭火的设备，固定安装在油品储罐或其他泡沫设备上。当泡沫车或固定消防泵供给的泡沫混合液经输送管道通过空气泡沫产生器时，吸入大量的空气，形成空气泡沫用以扑灭油品火灾。空气泡沫发生器有横式、立式、高背压式和油槽式几种类型。

横式泡沫产生器是由油库泡沫灭火系统中最常用的泡沫产生设备，其规格性能见表 7-17。横式泡沫产生器由产生器、泡沫室和导板组成。产生器由孔板、产生器本体、滤尘罩构成。其中孔板用来控制混合液流量，滤尘罩安装在空气进口上，以防杂物吸入。泡沫室由泡沫室本体、滤网、玻璃盖等构成，其中滤网用来分散混合液流，使它与空气充分混合，形成泡沫。玻璃盖厚度约为 2 毫米，表面有十字的玻璃痕，平时用来防止储罐内液体溢出和挥发气体送出，喷射泡沫时只要有 0.1 MPa 左右的压力冲击，即可破碎。导板用来将泡沫导向管壁，使之平稳地覆盖到着火的液面上。

表 7-17　PC 型空气泡沫产生器性能

型号	进口压力（MPa）	混合液流量（MPa）	泡沫发生量（L/S）	泡沫液流量（L/S）
PC4	0.49	4	25	0.24
PC8	0.49	8	50	0.48
PC16	0.49	16	100	0.96
PC24	0.49	24	150	1.44

立式泡沫产生器过去使用较为普遍，其基本原理类同于横式泡沫产生器，一般用于扑救立式地面油罐火灾，立式泡沫产生器有 SS 型中倍数和 PS 型低倍两种类型，其规格性能见表 7-18。

表 7－18　立式泡沫产生器性能

型号	进口压力（MPa）	混合液流量（MPa）	泡沫发生量（L/S）	泡沫液流量（L/S）
PS4	0.49	0.24	4	25
PS8	0.49	0.48	8	50
PS16	0.49	0.96	16	100
PS24	0.49	1.44	24	150
PS32	0.49	1.92	32	250
SS－4/6	0.3	0.48	6	
SS－4/3	0.3	0.24	3	
SS－4/1.5	0.3	0.12	1.5	

高背压泡沫产生器是泡沫液下喷射灭火系统的专用设备。是以氟蛋白泡沫混合液为工作介质的一种抽吸空气的喷射器。能产生具有一定压力的氟蛋白泡沫。高背压产生器的规格性能见表 7－19。

表 7－19　高背压产生器性能

型号	工作压力（MPa）	背压范围（MPa）	泡沫液量（L/S）		混合器指向	泡沫倍数
			6%	3%		
PCY450	0.6～1.2	0.035～0.3	0.48	0.24	8	8
PCY450G	0.6～1.2	0.035～0.3	0.48	0.24	8	8
PCY900	0.6～1.2	0.035～0.3	0.96	0.48	16	16
PCY900G	0.6～1.2	0.035～0.3	0.96	0.48	16	16
PCY1350G	0.6～1.2	0.035～0.3	1.44	0.72	24	24
PCY1800G	0.6～1.2	0.035～0.3	1.92	0.96	24	32

（3）泡沫枪。

泡沫枪是产生和喷射泡沫用以扑灭小型油罐、流散液体火焰及一般固体物质火灾的移动泡沫灭火设备。空气泡沫枪由吸液管、吸液管接头、枪体、管牙接口、滤网、喷嘴、枪筒等部件组成，其规格有 3 种，如表 7－20 所示。

表 7-20 泡沫枪性能

型号	进口压力（MPa）	水量（L/S）	泡沫液量（L/S）	泡沫混合液（L/S）	泡沫量（L/S）	泡沫射程（m）
PQ4	0.7	3.76	0.24	4	25	24
PQ8		7.52	0.48	8	50	28
PQ16		15.04	0.96	16	100	32

泡沫枪可与泡沫消防车和泡沫枪配套使用，但必须保证泡沫枪进口压力不小于0.7 MPa，否则性能会受到影响。

（4）泡沫炮。

泡沫炮是产生和喷射泡沫的消防炮，由消防水泵供水自吸空气泡沫液产生和喷射空气泡沫，主要适用扑救油类火灾，也可喷射水流扑救一般物资火灾。

泡沫炮分专用泡沫炮及泡沫和水两用炮，设置形式分固定式和移动式两种。主要配置在消防车上，性能见表 7-21。

表 7-21 泡沫炮性能

型号	工作压力（MPa）	混合液量（L/S）	泡沫量（L/S）	射程	
				泡沫	水
PP32	1	32	200	>45	>50
PPY32	1	32	200	>45	>50
PP48	1.2	48	300	>55	>60

（5）泡沫钩管。

泡沫钩管是一种移动式泡沫灭火设备，用来产生和喷射空气泡沫，扑救小型油罐或没有固定式和半固定式灭火设备的油罐火灾。泡沫钩管仅 PG16 型一种，性能见表 7-22。

泡沫钩管由钩管和泡沫产生器组成，钩管上端有弯形喷管，可钩挂在着火的油罐上，向罐内喷射泡沫，下端装有口径 65 mm 的管牙接口，与空气泡沫产生器连接。泡沫产生器可控制空气泡沫混合液流量，同水带相连接。

表 7-22 泡沫钩管性能

型号	工作压力（MPa）	泡沫液量（L/S）	泡沫发生量（L/S）	钩管长度（mm）
PG16	0.50	16	100	3 820

4. 低倍数液上空气泡沫计算

（1）泡沫混合液供给强度。泡沫混合液供给强度是指单位时间内，单位面积上的泡沫混合液供给数量，单位 L/（min·m^2）。泡沫混合液供给强度同油品种类、油罐形式、泡沫质量、喷射泡沫方式及消防队的技术力量等因素有关。着火的固定顶油罐及浮盘为浅盘或浮舱用易熔材料制作的内浮顶油罐，泡沫混合液供给强度和连续供给时间不应小于规定（见表7－23）。

表7－23 泡沫混合液供给强度和连续供给时间

泡沫液类别	供给强度 L/（min·m^2）	连续供给时间（min）	
		甲、乙类	丙类
蛋白	6.0	40	30
氟蛋白、水成膜、成膜氟蛋白	5.0	45	30

注：如果采用大于上表中的混合液供给强度，连续供给时间可按相应的比例缩小，但不得小于上表规定时间的80%。

外浮顶储油罐及单、双盘式内浮顶储油罐泡沫混合液供给强度不应小于12.5L/（min·m^2），连续供给时间不应小于30 min。

（2）保护面积。保护面积是火灾发生后，可能燃烧的面积。固定顶油罐的保护面积，应按其横截面积计算确定。钢制双盘式与浮船式外浮顶储罐的保护面积，可按罐壁与泡沫堰板间的环形面积。钢制隔舱式单盘与双盘内浮顶储罐的保护面积，可按罐壁与泡沫堰板间的环形面积确定；其他内浮顶储罐应按固定顶储罐对待。流散液体燃烧面积是指油品可能泄露而疏散出来的流散液体火焰面积，常指防火堤所围面积。

（3）泡沫产生器设置数量。固定顶储油罐、浅盘式和浮盘采用易熔材料制作的内浮顶储油罐泡沫产生器的设置数量应根据计算所需的流量确定，且设置数量不应小于规定（见表7－24）。

表7－24 泡沫产生器设置数量

油罐直径（m）	设置数量（个）
≤10	1
>10且≤25	2
>25且≤30	3
>30且≤35	4

注：当储罐直径大于35 m时，其横截面积每增加300 m^2，应至少增加1个泡沫产生器

钢制双盘式与浮船式外浮顶油罐、钢制隔舱式单盘与双盘内浮顶油罐泡沫产生器的设置数量应根据计算所需的流量确定，且设置数量还应按规定予以校核（见表7－25）。

表7－25　单个泡沫产生器的最大保护周长

泡沫喷射口设置部位	堰板高度（m）		保护周长
罐壁顶部、密封圈或挡雨板上方	软密封	≥0.9	24
	机械密封	<0.6	12
		≥0.6	24
金属挡雨下部	<0.6		18
	≥0.6		24

（4）泡沫枪数量。设置固定式泡沫灭火系统的油罐区，应在其防火堤外设置用于扑救液体流散火灾的辅助泡沫枪，其数量及其泡沫混合液连续供给时间，不应小于规定（见表7－26）。每支辅助泡沫枪的泡沫混合液流量不应小于240 L/min。

表7－26　泡沫枪数量和连续供给时间

储罐直径（m）	配备泡沫枪数（支）	连续供给时间（min）
≤10	1	10
>10且≤20	1	20
>20且≤30	2	20
>30且≤40	2	30
>40	3	30

（5）泡沫液储备量

泡沫液储备量不应小于油罐灭火设备在规定时间内的泡沫液用量、扑救该油罐流散液体所需泡沫枪在规定时间内的泡沫液用量以及充满泡沫混合液管道的泡沫液用量之和。即：

$$Q = m(Q_{罐} + Q_{枪} + Q_{管}) \tag{7-13}$$

式中：Q——泡沫液储备量，m^3；

$Q_{罐}$——油罐灭火的泡沫混合液用量，m^3；

$Q_{枪}$——油罐流散液体灭火的泡沫混合液用量，m^3；

$Q_{管}$——管道内的泡沫混合液用量，m^3

m——泡沫混合液中泡沫液所占的百分比（一般取6%）。

7.5 灭火作战预案制订与演练

灭火作战预案制订在加油站安全消防工作中是一项十分重要的基础工作，是灭火准备的主要内容。它是针对加油站重点保护部位可能发生的火灾，根据灭火战斗的指导思想和战术原则，结合现有消防装备和器材，以假设火情而拟定的灭火战斗预案，是灭火指挥员下达作战命令的主要依据。

7.5.1 制定灭火作战方案的意义和原则

1. 制定灭火作战预案的意义

通过灭火作战预案的制定和演练，一是有助于消防人员掌握保护对象的情况，预测火灾发生特点和规律，提高战术、技术水平和快速反应能力，一旦火灾发生可以掌握主动权；二是可以促进消防人员学习和掌握消防知识。在调查和制定灭火作战方案的过程中，按照消防法规的要求，对火险部位进行整改，作好火灾预防工作；三是按照灭火作战方案进行演练可以促进训练和实战结合，有助于增强“以练为战”的战略意识。演练中义务消防人员的参加，可使全员学习和掌握防火、灭火知识，有利于提高全员的安全意识；四是制定灭火作战方案，要进行大量调查研究，分析历史教训，判断起火后可能出现的各种情况，计算灭火所需力量（含人力、装备器材、灭火药剂等），提出相应对策，做到有备无患。

2. 制定灭火作战预案的原则

制定灭火作战方案应体现如下原则。一是预防为主，防消结合的原则；二是统一指挥，协调配合，准确迅速、机智勇敢，保证安全灭火的原则；三是集中兵力打歼灭战，先控制、后灭火的战术原则；四是救人第一，减少损失的救灾原则；五是机动灵活，保障重点，兼顾一般的供水原则。

总之，灭火作战方案的制定和演练，既是预防工作，又是灭火的准备工作，有助于贯彻“预防为主，防消结合”的消防工作方针，确保加油站安全。

7.5.2 确定消防重点保护部位

确定油库重点保卫部位是制订灭火作战方案的基本依据，必须根据油库各部位的火灾危险性、经济损失、人员伤亡和社会影响大小等因素综合考虑进行比较才能确定。

确定各部位火灾危险性大小必须了解火灾发生概率大小和可能性，油品的性质及状态，设备的使用情况，在油库中所处的重要性，通过比较才能得出火灾危险性大的部位。

发生火灾可能造成的经济损失是在了解油库各部位的油品数量，设备的重要性和贵重性，发生火灾后对周围的影响，掌握发生火灾后可能造成的直接损失和间接损失，以及对国家或油库所在地区的经济影响的基础上，才能确定发生火灾后可能造成较大经济损失的部位。

发生火灾后可能造成的人员伤亡是在了解油库各部位所处的环境，生产作业情况，生产人员数量，发生火灾后可能波及的单位和人员的威胁等，才能确定发生火灾后可能造成人员伤亡大的部位。发生火灾后可能造成的社会影响是在了解油库各部位油品的用途，生产设备的先进性，部位所处的环境基础上，估计发生火灾后对周围的影响，确定发生火灾后造成社会影响大的部位。一般情况下，油库内的油罐区、石油码头、铁路装卸区、公路发放区、桶装油品库房等为通常重点保卫部位。

7.5.3 灭火作战方案的主要内容

1. 油库重点保卫部位概况

（1）油库及重点部位地理位置、周围环境、道路交通情况，与责任区公安消防队的距离。通常用简图来表示。

（2）油库及重点部位的平面布局。重点建筑物和构筑物的特点、耐火等级、建筑面积和高度。通常用平面图、立面图、剖面图加文字说明表示。

（3）油库及重点部位储存油品的数量和形式，以及工艺管道等，通常用平面图和表格表示。

2. 油库重点部位火灾特点

（1）油品发生火灾后，火势发展变化特点、蔓延方向及可能造成的后果。

（2）火灾发生后，何种情况下具有爆炸危险性，可能波及的范围。

（3）火灾发生后，何种情况下，可能形成有毒气体，影响灭火战斗的正常进行。

3. 灭火力量部署

（1）油库火灾重点保护部位可利用消防栓的位置、距离、供水管网的形式、管径，蓄水池的容量、位置、距离，以及其他可用于灭火的水源，储存量和利用方法。

（2）灭火所需消防车辆、器材、灭火剂的种类、数量；消防车停靠位置和供水方法；水带铺设线路，以及分水器、水枪位置、方向和任务。

（3）油库义务消防队员的任务。

4. 扑救措施

（1）根据不同油品的性质、数量及火灾特点，采取相应灭火措施。

（2）针对建筑物、构筑物和设备设施的火灾特点，采取相应的灭火措施。

（3）根据火灾的不同阶段，火场上可能出现的各种情况，采取相应的灭火措施。

（4）抢救人员、疏散物资的方法和路线，以及灭火战斗中应注意的事项。

5. 组织指挥

组织指挥是灭火作战方案不可缺少的组成部分。其组成是根据方案的具体情况，建立一级、二级或多级指挥机构。通常油库火场组织机构由总指挥、副总指挥、技术参谋，以及火场供水、灭火、后勤、通讯、警戒、医疗等组成。

7.5.4 灭火作战方案的演练

油库进行消防演练是贯彻“预防为主，防消结合”方针的重要内容。为使灭火作战方案在实践中得到正确运用，消防演练应按照灭火作战方案进行。

1. 演练次数及其形式

油库每年应按照灭火作战方案进行两次消防演练，不得少于一次。演练时间应根据季节变换、人员更新及火灾发生规律等情况确定。通常可安排在冬、夏两季到来之前。演练前应讲授相关的消防知识和演练的内容和要求，演练后应进行总结，肯定演练的成绩，提出演练中出现的问题，并将演练情况和存在问题登记备案。演练形式分为操场模拟演练、实战模拟演练、专业性灭火演练三种。

（1）操场模拟演练是指消防车到达现场后，以停靠水源、铺设水带、设置分水器、连接水枪等为主要内容，同时结合熟悉地形、道路、水源、建筑、设备等情况。

（2）实战模拟演练是指消防车到达现场后，按照试验要求出水、出泡沫，或者进行抢救人员和疏散物资。

（3）专业性灭火演练，通常是按照油罐、罐车、油桶等可能存在的火灾形式，设置模拟火灾，组织公安消防、专职消防、义务消防人员参加，根据设置的模拟火灾，采用石棉被、干粉或泡沫灭火器、消防车等进行灭火演练。

2. 演练检查的主要内容

（1）检验灭火组织指挥系统。即火场组织指挥、供水组织指挥、灭火组织指挥、火场组织指挥分工，参谋作用、通信联络等。

（2）检验灭火力量的调度和配合。即车辆出动和行车、各种灭火力量的配合、各专业组的效能职能等。

（3）检验水源使用。即水源的使用方法、水带的铺设路线、分水器设置，以及水源合理的使用和供水方法的科学性。

（4）检验战斗员技能和作战能力。即通过水带铺设、分水器设置、出水、出泡沫、冷却、灭火等检验战斗员的灭火技能和作战能力等。

（5）灭火作战方案修订。根据演练中发现的问题和薄弱环节，对灭火作战方案进行修订和完善，使之更符合实战的需要。

（6）由于油库重点保卫部位情况的变化或消防装备的调整、更新，以及战术、技术水平的提高等，应及时对灭火作战方案进行修订，以适应新情况下的实战需要。

7.6　油库火灾的扑救方法

扑救油库火灾，必须做到立即迅速，方法正确，并确保灭火人员的安全。要做到及时、迅速、便于组织力量、运用正确的方法灭火，在发现火灾时，就要求发现者沉着冷静，及时发出火警讯号，迅速报告领导，同时还必须争取时间，进行扑救，因为初起火灾，火势较小，最易扑灭。

7.6.1　油罐火灾的扑救

油库火灾事故中，油罐火灾是极为复杂的，首先，燃烧最猛烈，辐射热强，油料易沸溢，油罐易破坏，时常造成火灾蔓延扩散，在扑救时需要大量的人力和物力，而且人员还难以接近。其次，油罐的类型不同，着火和破坏的情况不同，需采用的灭火方法和所采用的灭火器材也不同，要能及时迅速地控制火势，扑灭油罐火灾，必须了解油罐火灾情况，采用正确的灭火方法，应用适当的灭火器材。

1. 油罐的冷却

扑灭油罐火灾必须贯彻“先控制，后扑灭”的灭火原则。在扑救时，消防人员到达现场后，在灭火准备工作未做好之前，应组织力量用水冷却着火油罐和可能危及的邻近罐，特别是下风位置的油罐。因为油罐火灾的高强辐射热，很可能将邻近油罐的油气引燃，冷却邻近罐是控制火灾不使其扩大的一个重要步骤。另外，着火油罐在强烈火焰的作用下，3 min ~ 5 min后罐壁就会变形或破裂，使油品外流，增加扑救的困难，因此油罐着火后，应及早冷却，这样油罐可以在较长时间内保持不变形、不破裂。高液位罐着火后或有冷却水供给，可减少大量的辐射热，罐底部还可以站人。若火灾时没有泡沫及时供给，只要保证有足够的冷却水，罐壁一般是不会被破坏的。在冷却罐壁时，罐壁热量使冷却水变成蒸汽散布在空气中，还有稀释空气的作用，使火灾减弱。在罐壁经冷却、温度下降的情况下，泡沫顺罐壁流向着火液面时，受到的破坏也少。

冷却油罐，尽可能将水射在油罐顶部，如果顶部炸掉，应射在油罐残壁的最上部，但不可将水射进罐内。冷却时应注意水流均匀，不可出现空白点，以免造成罐壁各部温差过大，而引起变形或破裂。着火油罐的冷却一般使用水枪喷射，或者用固定冷却水管喷水冷却。

油罐着火时，火势很猛烈，特别是下风方向辐射热相当大，可使邻近油罐蒸发大量油蒸气，引起燃烧或爆炸。在条件许可时对可能危及的邻近油罐都应加以冷却；条件不许可时，可只冷却下风邻罐向着着火油罐的一面（即半周），既要冷却罐壁，又要冷却罐顶。

2. 油罐火炬型燃烧的扑救

油罐火灾时顶盖未被炸掉，油蒸气通过油罐裂缝、透气阀、量油孔等处冒出，在罐外与充足的空气混合，形成稳定的火炬型燃烧火灾。对于这种燃烧，可采用下列方法扑救：

（1）水封法。用数支强有力的直流水柱从不同的方向交叉射向裂缝或孔洞火焰的根部，使火焰和尚未燃烧的油蒸气分隔开，形成瞬间可燃气体中断供应，使火焰熄灭。或数支水枪同时由下而上移动，射击的水流将火焰“抬走”。对于较大的孔洞或裂缝的火炬，可向火焰喷射强力水流，借机械动作扑灭火焰。

（2）覆盖法。使用覆盖物盖住火焰，造成瞬间油气与空气的隔绝层，致使火焰熄灭。这是扑救油罐裂缝、呼吸阀、量油孔处火炬型燃烧火焰的有效方法。在灭火之前，应将人员分工，一部分人负责拿覆盖物灭火，一部分人负责射水掩护。在覆盖之前，用水流对覆盖物及燃烧部位冷却，进行灭火时，覆盖人员拿覆盖物，在掩护人员的射水掩护下，自上风向靠近火焰，迅速覆盖，将火焰窒息。若油罐上孔洞较多，同时形成多个火炬燃烧，应用水流充分冷却油罐的全部表面，尽量使罐内油温及蒸汽压降低，再从上风方向将火炬一个一个地扑灭。

扑救火炬型燃烧的覆盖物可用浸湿的棉被、麻袋、石棉被、海草席等。对于由缝隙流出的燃烧油流，可用砂土或其他覆盖物覆盖，也可用干粉、泡沫灭火器扑灭。

对于油罐裂缝喷油燃烧可用强力水扑救，每个喷油裂缝至少集中3～4支水枪用强力水流喷射，最好使用带架水枪。

必须注意，扑救人员上罐顶灭火前，应从火焰颜色来判断油罐会不会爆炸，防止伤亡。在扑救这样的火灾时，不能立即将着火油罐内的油料抽走，否则会使罐内压力降低，空气进入罐内，可能形成爆炸混合气体，引起爆炸事故，反而对扑救不利。

3. 无顶盖油罐火灾的扑救

易燃油料的罐顶，通常随油罐爆炸燃烧而被掀掉、炸破或塌落，然后液面上形成稳定的开放式燃烧，油罐上的固定式或半固定式灭火设备很可能同时受到破坏。扑救这类火灾，可按照下列方法扑救：

（1）首先集中力量冷却着火油罐，不使油罐壁变形、破裂，同时冷却好危险范围的邻近罐，特别是下风位置的邻罐。为了防止邻罐的油蒸气被引燃或引爆，应用石棉被、湿棉被等把邻罐的透气阀、量油孔等覆盖起来。

（2）若油罐所设固定灭火设备没有被破坏，应启动灭火设备灭火。如果没有固定泡沫灭火设备或在发生火灾爆炸时，泡沫灭火设备已被破坏，则应迅速组织力量，采用移动式泡沫灭火设备（泡沫车、泡沫炮等）灭火。

移动式泡沫灭火设备，应停靠在油罐的上风方向，尽可能在地势较高处，并与油罐保持一定的距离（消防车距油罐不宜小于25 m，泡沫炮与油罐的距离应该根据油罐高度确定，一般宜保持30 m，使发射泡沫的泡沫炮上倾角保持在30°～45°）。在向燃烧罐进攻时，火焰辐射热对灭火人员威胁很大，应组织必要的水枪射流，保护灭火人员。在泡沫喷射的整个过程中，泡沫供应不应间断，直至火灾被扑灭，并在油面保持一定厚度的泡沫层为止。

（3）油罐液面较低时，由于罐壁温度高和气流作用，使喷入罐内的泡沫破坏较严重。为了提高灭火效果，可往轻质油罐内注水，以提高液面，然后再喷射泡沫。

（4）如果罐顶炸坏以后，一部分掉进油罐内，而一部分露在油面上，罐顶呈凹凸不平的状态，泡沫就难以覆盖住整个油面，影响灭火速度。在此情况下，可先提高油品液位，使液面高出暴露在液面部分的罐顶，然后用泡沫灭火。

（5）如果采用一切方法都不能使罐内火灾扑灭，就要设法将罐内油料通过密封管道输出。同时继续冷却罐壁，让少数剩余油料燃尽自灭，以保存油罐和防止火灾蔓延。

（6）当油罐区有数个油罐同时发生火灾时，首先应尽可能冷却全部着火油罐和受到威胁最大的邻罐，尽力控制火势。防止扩大和蔓延。然后集中力量，利用未被破坏的固定灭火设备和移动设备、泡沫车等一切灭火设备，有计划地分组同时扑灭数个油罐火灾。在力量不足时，可逐个扑救。一般情况下应先扑救上风方向的燃烧罐或对邻近油罐威胁最严重的着火罐。数个油罐同时燃烧的火灾扑救不可无把握地盲目出击，应根据火场情况和灭火力量，集中优势，不攻则已，攻则必灭。不要急于求成，想同时扑救全部着火罐，这样可能将全部灭火剂用完而一个油罐火灾也未扑灭，造成严重后果。

4. 油品外溢油罐火灾的扑救

如果油罐破裂，油品外溢，残存的油罐及油罐区防火堤内均有油品燃烧时，扑救是比较难的。对于这种情况，油罐周围都是燃烧的油火，灭火人员根本不能接近油罐。这时，即使固定泡沫灭火设备未被破坏，也不能用来灭火，因利用这种设备虽然能将油罐中火焰扑灭，但由于罐外已被流散的油料火焰所包围，油罐内被扑灭的油火很快又会燃烧起来。

扑救这种火灾，如有可能应先冷却着火油罐，避免油罐被破坏得十分严重。如果只剩一底座或底部破裂，则不需要再对油罐冷却。

这类火灾最重要的是先扑救防火堤内的油火，然后再扑救油罐火灾，或者同时扑救。扑救防火堤内的油火，应采用堵截包围的灭火战术，集中足够的泡沫枪或泡沫炮，从周围包围，由防火堤边沿开始喷射泡沫，使泡沫逐渐向中心流动，覆盖整个燃烧液面；然后迅速及时地向罐内火灾发起进攻，扑灭罐内的火灾。

如果防火堤内油品温度很高，灭火人员很难接近油罐时，可采用云梯、曲臂梯等登高设备，使灭火人员接近油罐，居高临下向罐内喷射泡沫，或采用泡沫炮，扑灭罐内火灾。

在扑救火灾的时候，灭火人员应注意油品流散状态，防止油品流出堤外，引起火灾扩大。在必要时，应及时加高加固防火堤，提高其阻油效能。

5. 重质油品的油罐火灾扑救

扑救重质油品的油罐火灾，争取时间尽快扑灭是非常重要的。如果燃烧时间延长，重质油品就会沸腾或喷溅，造成扑救上的困难。所以在扑救这种火灾时，对已经沸腾或喷溅的油罐，要迅速组织力量，在灭火人员不受威胁的地方进行冷却，并用开花水流或泡沫灭火。如果油罐中油品尚未沸腾或喷溅，应迅速向罐内导入灭火药剂，将火灾扑灭在沸腾喷溅之前。不论尚未或即将沸腾和喷溅的着火油罐，都应进行充分地冷却，从而降低油品被加热的温度。

扑救火灾中，要指定专人观察油罐的燃烧情况，判断发生喷溅的时间，保护救护人员的安全。同时，要利用油罐的放水阀排走油罐下部的积水，组织人力、器材修筑围堤，以应付油料的沸腾和喷溅。扑救时若油面过低，不能像轻质油料那样加水提高油面的方法来扑救，以防引起喷溅。

由于重质油料黏度较大，沸腾翻滚会盖住一部分泡沫，引起复燃，因此，在扑救沸腾喷溅油罐火灾时，要组织人力充分冷却罐壁，并在油火熄灭后还应继续供给泡沫，直至确信再不复燃时为止。

6. 洞库和地下油罐火灾的扑救

洞库内或洞库油罐发生火灾，较易发生爆炸事故。因通道狭窄，通风不良，洞内烟雾弥漫，火焰处于阴燃状态，并产生大量的有害气体。首先应做好个人的防护(如戴氧气呼吸器等)。对坑道可采用喷水扑救。罐内油火较大，最好关闭洞库密封门，堵塞孔洞，使火焰窒息，或者输入高倍数泡沫灭火。如果初期洞内出现小火，应用灭火器材及早扑灭。

目前，与地面油罐相比，扑救洞库油罐火灾的经验还比较缺乏，洞库的消防装备与设施、灭火的技术措施和灭火方法等尚需研究和解决。

对于地下罐或半地下罐，由于罐壁外有护体，油罐失火或炸坏破裂后可使油料在护体内燃烧，火灾的扩散蔓延能力相应较小。但火柱贴近地面，辐射热强，尽管邻罐在护体的掩护下所受的辐射热较小，但邻罐暴露在外的透气阀、测量孔等冒出的油蒸气也有被引燃引爆的可能。因此，灭火时，应在水雾的掩护下将邻罐的透气阀、测量孔等可靠的覆盖住，然后再组织力量扑救油罐火灾。如果混凝土顶或护体炸裂崩塌，一般不容易造成油料流淌燃烧，只是增大了着火面；若造成了油品顺沟流淌，则扑救就比较困难了，只有在油流方向的下游筑堤堵塞，控制其扩大，然后再想法扑救。

7.6.2 油泵房火灾的扑救

引起油泵房火灾的原因较多，常见原因有：盘根安装过紧，致使盘根过热冒烟，引燃泵房中集聚的油蒸气；油泵空转，造成泵壳高温，引燃油蒸气；使用非防爆式电动机及电器设备；铁器碰击产生火花或外来飞火等引燃油蒸气；静电接地不符合要求引起放电等。根据这些原因，应特别注意的是泵房内泵和管线不得出现渗漏油现象，地上的洒油或因滴漏而放置的集油盒（盆）等应及时处理，防止泵房内油气过浓。

发现火灾后，首先应停止油泵运转，切断泵房电源，关闭闸阀，断绝来油；然后把泵房周围的下水道覆盖密封好，防止油料流淌而扩大燃烧；同时用水枪冷却周围的设施和建筑物。对于泵房大面积火灾，最理想的办法是用水蒸汽灭火。泵房内设有固定和半固定式的蒸汽设备时，着火后可供给蒸汽，降低燃烧区中氧的含量，使火焰熄灭。一般蒸汽浓度达到35%时，火焰即可熄灭。

没有蒸汽灭火设备时，可根据燃烧油品、燃烧面积、着火部位等，采用灭火器或石棉被等扑救。一般泵房内除油蒸气爆炸导致管线破裂而造成油品流淌较大火灾外，主要是油泵、油管漏油处及接油盘最易失火，这些部位火灾只要使用轻便灭火器，就能达到灭火之目的。若泵房内油品流散引起较大面积火灾时，可采用泡沫扑救，向泵房内输送空气泡沫或高倍泡沫等。

7.6.3 油罐车火灾的扑救

油罐车在装卸过程中，往往由于铁器碰击、静电或雷电、作业时遇周围明火或火星等使罐口发生火灾。另外，罐车在运行中出现撞车、翻车可造成罐车大面积火灾。

1. 油罐车罐口火灾的扑救

油罐车罐口发生火灾，一般火柱从口部上窜，火焰呈火炬状，火焰温度较高，燃烧比较稳定，对装卸油站台、鹤管及油罐车本身有很大的威胁。对于这种火灾，在罐车完整无损时，可采用窒息法灭火，即使用石棉被或其他覆盖物将罐车口盖严，使罐内在缺氧下终止燃烧；也可利用罐车盖，使其关闭严密，熄灭火焰。将罐口盖住后，如果能用泡沫或水枪喷射罐车口四周边缘，效果更为理想。

如果罐车已经被烧得温度很高，应首先对油罐车加以冷却。冷却时每一罐车必须不少于两支水枪喷射水流，经冷却后救火人员可以接近时再用覆盖法灭火。对灭火人员要用水枪保护，防火烧伤。

对于这种火灾，也可以采用喷射泡沫、干粉等办法扑灭。

2. 油品溢流的油罐车火灾扑救

油罐车倾倒、油罐破裂、罐内油蒸气爆炸将鹤管崩出引起油品四溅、盛装黏油的罐车燃时较久引起沸溢等，使油品流散，形成较大面积较复杂的火灾。这种火灾，火焰辐射热大，燃烧随油品的不断流散而扩大，对灭火人员的威胁也大。

扑灭这种情况的火灾，首先应冷却燃烧油罐及其邻近油罐，防止油罐进一步破坏变形。第二，应先扑灭流散的液体火焰，这样才能扑灭油罐车火灾。扑灭流散油品火灾，应根据地形地势，采取有力的阻火设施（筑堤、挖沟等），防止油品随便流散，以控制火势扩大。然后组织泡沫或喷雾水枪对流散油品火焰发起进攻，扑灭流散油品火灾。第三，在扑灭油罐车周围液体火焰之后，应采用泡沫枪、泡沫炮或喷雾水枪，及时地向油罐火灾发起进攻，扑救油罐车火灾。

3. 大面积液体流散的油罐车火灾扑救

油罐车颠覆或一车着火引起多车着火的大面积起火，火灾现场更为复杂，不仅对周围设施造成严重威胁，阻断交通，而且还可能由于油品流散，影响附近的工农业设施及建筑物的安全。扑救这种火灾，应根据地形、地势和灭火力量，选择突击方向和突击点，采取局部上集中优势力量，堵截包围，重点突破，穿插分割，逐个扑灭的灭火战术。

首先用砂土筑起土堤，把溢流在地面的油火控制在较小范围内，防止它到处漫流。与此同时，应组织力量将未燃烧的车辆疏散到安全地带。如果燃烧油罐车严重威胁附近的建筑物或构筑物时，在可能的条件下，可在水枪的掩护下，将油罐车拖至安全地点扑救。但在油罐车内油火喷溅或外泻时，不宜这样做，因为这样反而会扩大火灾。在扑救时，如果灭火力量不足，可先控制火势；如果尚有扑救能力，可先行扑救上风方向及对邻近未燃烧油罐车威胁最大的着火油罐车。在灭火力量形成压倒优势时，可划分成数个战斗段，穿插分割，逐个消灭。所谓压倒优势，就是说每辆着火油罐车所配备的水枪必须在两支以上，用强力水流的冲击力量打熄火焰。对地面上的火焰可用水枪、泡沫、砂土扑救。

7.6.4 油船火灾的扑救

油船发生火灾的原因较多，着火规律与油罐车相似，不同的是装卸油品管道或船舱破裂后，油品流散至水面，在水面上燃烧和扩散。这不仅影响油船的未燃烧舱室，而且威胁码头、船只以及下游的其他建筑物安全。油船着火，甲板面小，灭火进攻和消防技术装备的运用，均受到很大限制，扑救火灾困难。

根据油船火灾特点和消防力量情况，对于油船的初期火灾，因往往在舱口处燃烧，可采用覆盖物覆盖窒息灭火，或采用水枪冲击扑灭舱口或甲板裂口火焰。若船体爆裂，油品外流，或重质油品喷溅，造成船上大面积火灾，可采用船上的自备灭火设备（蒸汽、泡沫等）扑救火灾；若自备灭火设备损坏，可采用移动式泡沫灭火设备（泡沫枪、干粉炮等）进行扑救。同时对甲板应进行不断的冷却，对邻近不能驶离的船舶和建、构筑物进行可靠的防卫。甲板上的火灾，一般情况下可采用覆盖物、泡沫、砂土等扑救。重质油品燃烧发生沸溢时，应先冷却船体，当温度下降，或喷溢停止后，用干粉或泡沫扑灭火灾。

对于漂浮在水面上的油火，要先控制，后扑灭。这就是说，必须先控制着火油品在水面上四处漂流，为此可采用漂浮物或木排把油火困住，在短时间内把油火压制到岸边安全地点，然后用泡沫扑救。如果一时不能制作围栏物品，可利用消防船或消防车在下风位置用强力水流阻塞或把火焰压制到一处或岸边，然后用泡沫灭火。

扑灭油船火灾，应注意的是：在装卸油过程中发生火灾，应首先切断岸上的电源，拆下输油管线，把船拖到安全地点，防止火势扩大；灭火过程中应保护好船上的重要设备，减少火灾损失；重质油料发生火灾，应注意防止水流进入油舱内，以免造成沸溢；灭火中人员应注意防止摔倒或落水。

7.6.5 油桶及桶装库房和堆场火灾的扑救

油桶火灾，无论漏洒在地面上的油品燃烧，或是桶内、桶外油品燃烧，如果扑救不及时，必将造成油桶爆炸甚至连续爆炸，使桶内油料四处飞溅，火灾迅速蔓延扩大，在短时间内即可造成一片火海的严重局面。

油桶爆炸的情况不尽一样，随油桶质量好坏、桶内油品多少、油品种类不同，受热温度高低而各异。一般情况下，在受热温度上升到700℃以上，桶内油品迅速汽化，当油桶不能承受桶内压力时（超过0.2 MPa），桶内汽化的液体炸开油桶，成火球状冲入天空，火球升起可达到20～30 m，然后成焰火状四散落下。轻质油品大多不等落地已燃尽，滑油则仍能继续燃烧。若油桶质量低劣，则在被加热后，桶内压力不到0.2 MPa就从质量薄弱处炸开。由于压力不太大，有时尚不足0.1 MPa，所以油品不会飞起，仅从裂口处不断往外喷油燃烧。油桶在火焰的直接烧烤下，一般在3~5 min即发生爆炸。油桶爆炸之前，大部分将桶底、桶顶鼓起，随后发生爆炸。油桶爆炸仅裂3~30 cm的裂口，绝不是将油桶炸的四分五裂。

对于油桶火灾，由于极易爆炸，火灾扩大蔓延的可能极大，且桶垛有较大空隙，泡沫不易全部覆盖，为扑救带来很大困难。造成油桶火灾的原因是比较多的，油桶渗漏遇明火、灌装时铁器磕碰出火、堆场日晒使温度升高而发生爆炸燃烧、盛装过满油品膨胀使桶爆炸后遇火燃烧等，都是油桶火灾的常见原因。

1. 油桶火灾的扑救

对于油桶外部漏油燃烧，应迅速用覆盖物覆盖、用砂土掩埋或用灭火器扑救，切勿惊慌，以防止火灾扩大，酿成大灾。对于敞开桶盖或掀去全部顶盖的油桶内油品着火，可利用覆盖法扑救，也可利用灭火器扑救。这种燃烧不会使油桶爆炸，可以在着火油桶的上风方向接近灭火。一切敞口容器都可以用同样方法扑救。

对于桶垛或盛装油桶的车船着火，应注意不要急于去灭火，应先疏散周围的可燃物，或将车、船拉到安全地点，然后用水充分冷却燃烧区内的油桶和附近油桶。在冷却时，冷却水可能使桶内喷燃的油品漫流，应筑简易土堤围住油火。经一段时间的冷却后，应使用各种灭火器材积极灭火。对于泡沫能够覆盖的火场，可用移动式泡沫灭火设备或泡沫消防车灭火，有较大空隙的桶垛则不宜用泡沫灭火，可用多支水枪，以强大水流扑灭燃烧的火焰。无论桶垛或车船油桶火灾，均要组织人力用砂土掩埋，这样可以有效地灭火。对于润滑油桶火灾，要防止爆炸后的燃烧油火引起附近建（构）筑物着火。

2. 桶装库房火灾的扑救

桶装库房的建筑物发生火灾，会引起库房内油桶火灾。油桶火灾能引起可燃建筑物火灾，其结果造成建筑物和油桶同时燃烧，油桶爆炸，油品流散，火势扩大，导致整个库房大面积火灾。燃烧时间越长，爆炸的油桶越多，流散油品也越多。情况比较严重时，油品可能漫过库房门槛至房外燃烧。若火灾持续时间太长（达40~50 min），钢筋混凝土的一、二级耐火建筑物在高温作用下亦将遭受严重破坏。

扑救桶装库房火灾，同扑救其他油料一样，关键是抓紧时间扑救，积极采用防卫措施，尽快控制火势。对于桶装库房着火而油桶尚未燃烧的火灾，应迅速组织力量扑灭燃烧部位的火焰，同时用水枪保护受到威胁的油桶，防止火灾蔓延。如果是部分油桶起火，但未爆炸，而建筑物尚未起火时，应用泡沫枪向燃烧的油桶喷射泡沫，及时地扑救油桶火灾；同时应组织力量对未燃烧的邻近油桶和建筑物进行冷却，防止火势扩大。若个别独立的油桶发生燃烧火灾事故，也可采用覆盖物进行覆盖灭火，或采用干粉、泡沫灭火器以及砂土等进行扑救。

对于油桶和库房均在燃烧，且油桶不断发生爆炸的火灾，应根据火场特点，集中一定力量首先冷却油桶，防止油桶继续爆炸，同时组织一部分力量扑救建筑物的火灾（扑救建筑物火灾的水流落到油桶上亦有一定的冷却作用）。然后集中优势，采用泡沫灭火设备（泡沫枪、泡沫炮等），向燃烧着的油桶和地面流散的液体火焰发起猛攻，迅速扑灭火灾（在泡沫进攻时，可停止水枪对油桶的冷却，以免水流对泡沫造成不必要的破坏作用）。应该指出的是，这种火场用水量大，流散液体火焰可能随着积水扩大而扩大，应组织必要的力量，排除或堵截地面火焰（挖沟或筑堤等），防止火势扩大和火灾蔓延。

扑救桶装库房火灾时，要注意扑救人员的安全。在油桶连续爆炸的情况下进攻，应防止油桶爆炸伤人。火场上需疏散油桶时，应派专人负责，采取必要的措施（如用水流保护疏散人员），确保人员安全。排除库内流散的积水时，应采取可靠的措施（如通过室外水封井、或在门槛下设临时排油管），将流散油品和积水排到安全地方。

7.6.6 油管破裂火灾的扑救

输油管线因腐蚀穿孔、垫片损坏、管线破裂等引起漏油、跑油，被火源引燃着火时，燃烧着的油品在管内油压的作用下向四周喷射，对附近设备和建（构）筑物有很大威胁。

输油管线发生火灾，应首先停泵及关闭阀门，停止向着火管线输送油品；然后采用挖坑筑堤的方法，限制着火油品流窜，防止蔓延。单根输油管线发生火灾，可采用直流水枪、泡沫、干粉等扑灭火灾；也可用砂土等掩埋扑灭火灾。在同一地方铺设多根油管时，如其中之一破裂漏出油品形成火灾，会加热其他管线，使管线失去机械强度，管线内部液体或气体膨胀发生破裂，漏出油品，扩大火灾范围。另外，这些管线在输油中都有一定压力，破裂后会把油品喷射出很远距离，这种情况加强输油管线的冷却很有必要。

如果油品在管线裂口外成火炬形稳定地燃烧，可用交叉水流先在火焰下方喷射，然后逐渐上移，将火焰割断。

应该指出，输油管线在压力未降低之前，不应采用覆盖法灭火，否则会引起油品飞溅，造成人员伤亡事故。若输油管线附近有灭火蒸汽接管，也可采用蒸汽，对准火焰，扑灭火灾。

7.6.7 扑救人员的安全保障

在扑救石油产品火灾时，由于石油产品火灾具有多变性和复杂性以及油罐、油桶随时都有爆炸、喷溅的危险，所以灭火常会遇到许多困难，灭火人员也时常遇到危险。因此，在油料火灾的扑救过程中，要随时注意保障灭火人员的人身安全，以便顺利地完成灭火任务。

（1）扑救油料火灾时，应指定专人负责，统一指挥。保持高度的组织性和纪律性，行动必须统一，协调一致。

（2）火场要划定危险区。划分时要考虑风向，风向下方的危险区域要适当扩大。危险区的边缘要做出明显标志，派人警戒。在危险区域内只允许消防人员和救火人员进去工作。危险区内人数不要过多，人数过多在需要撤退时不易迅速撤走。

（3）扑救油罐火灾时，指挥员必须对罐顶会不会炸掉，油罐中燃烧油品会不会喷溅、沸腾作出充分估计，然后才能派出消防人员登上油罐或接近油罐。在派出消防员执行危险任务时，必须采取必要的防护措施。

（4）在灭火人员需要接近沸腾、喷溅或火焰高、辐射热强的油罐时，必须有可靠的防护服和其他工具，并指派水枪掩护。

（5）为了保护灭火人员，在指派水枪掩护的同时，还必须有一支备用水枪，一旦掩护水枪损坏，备用水枪可以马上代替损坏了的水枪，使灭火人员的安全不受影响。

（6）各级火场指挥员，必须十分注意火场灭火人员的安全。只有在极端必要的情况下，才能提出较为危险的灭火任务，并且要为执行危险任务的灭火人员创造有利的安全条件，使灭火人员有可能克服困难，完成任务。

（7）在灭火时，要注意油气或其他有害气体的毒性，防止扑救人员在救火时发生中毒或窒息伤害。

思考题

1. 油品的火灾危险性分类？
2. 物质发生燃烧的要素？
3. 灭火的基本方法及其原理？
4. 各种灭火剂的灭火原理及适用范围？

5. 灭火器的操作使用方法?

6. 泡沫灭火系统主要的设备有哪些?

7. 灭火器的设置要求?

8. 制定灭火作战预案的原则?

9. 油罐火炬型燃烧的扑救方法?

10. 油泵房火灾的扑救?

参考文献

1. 陈利琼主编．油气储运安全技术与管理．北京：石油工业出版社，2012
2. 郁永章等编．天然气汽车加气站设备与运行．北京：中国石化出版社，2012
3. 杨景顺，谷风涛主编．油气管道维抢修技术．北京：石油工业出版社，2013
4. 中国石油大学（华东）储运教研室编．油气储运安全技术，2006
5. 邓琼．安全系统工程．西安：西北工业大学出版社，2009
6. 杨筱蘅．输油管道设计与管理．东营：中国石油大学出版社，2006
7. 石永春等编．油库技术管理．北京：中国石化出版社，2007
8. 姚运涛等编．油库安全技术与管理．重庆：重庆大学出版社，1997
9. 石新，王丰主编．油库安全管理基础．北京：中国石化出版社，2009
10. 母元江，王丰编写．油库安全系统工程．北京：中国石化出版社，2007
11. 马秀让主编．油库设计实用手册．北京：中国石化出版社，2009
12. 刘介才、戴绍基．工厂供电．北京：机械工业出版社，2003
13. 竺柏康．石化销售企业安全管理．北京：中国石化出版社，2002
14. 中华人民共和国公安部．建筑灭火器配置设计规范．GB50140－2005. 北京：中国计划出版社，2005
15. 中华人民共和国公安部．泡沫灭火系统设计规范．GB50151－2010. 北京：中国计划出版社，2010
16. 郭建新主编．加油（气）站安全技术与管理．北京：中国石化出版社，2007
17. 李曰光主编．油库安全设备与设施．北京：解放军出版社，1995
18. 中国石油化工集团公司．石油库设计规范．GB50074－2014. 北京：中国计划出版社，2014
19. 范继义主编．油库安全工程技术．北京：中国石化出版社，2009
20. 范继义主编．油库加油站安全技术与管理．北京：中国石化出版社，2005
21. 何国根主编．油库安全技术与管理．杭州：浙江大学出版社，1992
22. 赵耀江．安全评价理论与技术（第二版）．北京：煤炭工业出版社，2015
23. 张乃禄．安全评价技术（第二版）．西安：西安电子科技大学出版社，2011
24. 陈宝智．系统安全评价与预测（第二版）．北京：冶金工业出版社，2011
25. 罗云．风险分析与安全评价（第二版）．北京：化学工业出版社，2009
26. 景国勋，施式亮．系统安全评价与预测．徐州：中国矿业大学出版社，2009
27. 杨艺，刘建章，付士根．油库安全评价与应急救援技术．北京：中国石化出版社，2009
28. 沈斐敏．安全评价．徐州：中国矿业大学出版社，2009

29. 张景林．安全系统工程（第二版）．北京：煤炭工业出版社，2014
30. 徐志胜，张学鹏．安全系统工程（第二版）．北京：机械工业出版社，2012
31. 谢振华．安全系统工程．北京：冶金工业出版社，2010
32. 曹庆贵．安全系统工程．北京：煤炭工业出版社，2010
33. 牟瑞芳．系统安全工程．成都：西南交通大学出版社，2014
34. 樊运晓，罗云．系统安全工程：北京：化学工业出版社，2009